American Academy of Pediatrics
DEDICATED TO THE HEALTH OF ALL CHILDREN®

美国儿科学会
新父母手册

〔美〕塔尼娅·奥尔特曼◎著　　王昭昕◎译

U0239825

北京科学技术出版社

The publication is a translation of Baby and Toddler Basics, 1st edition, © 2018 Tanya Altmann, MD, FAAP, published by the American Academy of Pediatrics.
Simplified Chinese translation copyright © 2021 by Beijing Science and Technology Publishing Co., Ltd.

本出版物是美国儿科学会出版的著作 Baby and Toddler Basics 的翻译版，介绍的是美国儿科学会出版该原版书时美国通行的方法。本书不由美国儿科学会翻译，美国儿科学会对由翻译引起的错误、遗漏或其他问题不承担责任。

著作权合同登记号　图字：01-2021-3992

图书在版编目（CIP）数据

美国儿科学会新父母手册 /（美）塔尼娅·奥尔特曼著；王昭昕译. —北京：北京科学技术出版社，2022.1
书名原文：Baby and Toddler Basics
ISBN 978-7-5714-1790-1

Ⅰ. ①美…　Ⅱ. ①塔…　②王…　Ⅲ. ①婴幼儿—哺育—手册
Ⅳ. ① TS976.31-62

中国版本图书馆 CIP 数据核字（2021）第 175690 号

策划编辑：赵丽娜
责任编辑：赵丽娜
责任校对：贾　荣
责任印制：李　茗
图文制作：天露霖文化
出 版 人：曾庆宇
出版发行：北京科学技术出版社
社　　址：北京西直门南大街 16 号
邮政编码：100035
电话传真：0086-10-66135495（总编室）　0086-10-66113227（发行部）
网　　址：www.bkydw.cn
印　　刷：保定市中画美凯印刷有限公司
开　　本：720 mm×1000 mm　1/16
字　　数：150 千字
印　　张：14.5
版　　次：2022 年 1 月第 1 版
印　　次：2022 年 1 月第 1 次印刷
ISBN 978-7-5714-1790-1

定价：68.00 元

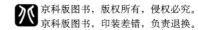

大家怎么说

塔尼娅医生成功地让你感觉到，这是你最好的朋友和儿科医生一起专门为你打造的新手父母育儿指南。本书引人入胜、不可或缺，我认为你一定会读上一遍又一遍！

——美国畅销书《派生活：如何在获得成功和满足的同时毫不内疚》的作者 萨曼莎·艾特斯

无论你是第一次做父母还是经验丰富的老手，本书都会为你带来新知识，并能巩固你的旧知识。在本书中，作为经验丰富的儿科医生兼母亲的塔尼娅·奥尔特曼，以简单实用的方式解释了护理婴幼儿的要点，从如何应对发热、疼痛、受伤到基本的饮食、睡眠、大小便等方面的知识一应俱全。本书对于所有家庭来说都必不可少！

——医学博士、美国儿科学会会员、美国儿科学会网站医学编辑、《美国儿科学会新生儿婴儿护理全书》的合著者 珍妮弗·舒

塔尼娅医生凭借最新的信息和她丰富的经验、渊博的学识和实用的窍

门，在本书中回答了非常有代表性的一些育儿问题。这本书是所有新手父母的必备书籍。

——《超级宝宝：12种方法让你的孩子领跑前三年》的作者　詹妮·曼

塔尼娅医生凭借其丰富的儿科医疗与护理经验，使用如朋友般过来人的语气，回答了150个常见的婴幼儿健康问题。你的问题很可能就在其中，你一定会喜欢她的答案。

——医学博士、美国儿科学会会员、《父亲对父亲：像专业人士一样育儿》的作者　大卫·L.希尔

塔尼娅医生再次获得了成功。她以其特有的温暖和令人安心的风格，回答了家长在了解和养育婴幼儿时可能遇到的所有问题。本书是所有新手妈妈的必备藏书。有了它，你的家里就像多了一位儿科医生。它绝对是送给新生儿父母最棒的礼物！

——儿童发展与行为专家、《告诉我该说什么》和《你不是我的老板》的作者　贝琪·布朗·博朗

致　谢

　　本书印刷时，我已经当了 20 多年的儿科医生和 12 年的家长了。我是一个认为每天都会学到新知识的人。这是我热爱我的工作的原因之一。我从小患者、患者的父母、同事甚至我的家人身上都能学到新知识。我要感谢许多人，虽然在此我必须简单明了、突出重点，但是请记住还有许多人对我的生活产生了触动，对书中提供的信息有所帮助。

　　让我先从美国儿科学会开始，她一直以来都在为我提供支持和教育。得益于她的建议，我将迄今为止在儿科事业上取得的所有成就凝聚于纸上，写成了本书。感谢美国儿科学会出版部门的同事马克·格兰姆斯和霍利·卡明斯基，他们在本书的出版过程中扮演了不可或缺的角色。

　　感谢医学博士米歇尔·舒费特对本书前期工作的贡献，她是我一生的挚友。同时也感谢我的导师和我现在的实习生、住院医师以及加州大学洛杉矶分校美泰儿童医院的儿科医生们，他们对本书的内容提出了宝贵建议并作出了贡献。另外，谢谢安吉拉·比尔，她全天候地协助我让卡拉巴萨斯儿科诊所的办公室正常运转，帮助那里的患者恢复健康。感谢波莉·加农，她的宝贵建议不仅帮助了我，还帮助我的患者成功实现母乳喂养、保持平静快乐的心情、晚上能够安然入眠。

感谢以下儿科医生以及儿童健康专家，感谢他们对原稿提出意见并作出补充：

医学博士、美国儿科学会会员　内维尔·安德森

理学硕士、语言病理学临床能力证书获得者　玛拉·贝克

医学博士、美国儿科学会会员　阿丽·布朗

心理学博士　吉尔坎·贝尔

医学博士　利利安娜·卡斯特布兰可

医学博士　希拉·Z.张

医学博士、美国儿科学会会员　金伯利·郑

医学博士、美国儿科学会会员　布莱妮·斯罗姆·柯林斯

医学博士　卡琳娜·伊斯门

医学博士、美国儿科学会会员　劳拉·贾娜

医学博士、美国儿科学会会员　詹姆斯·H.李

医学博士、美国儿科学会会员　阿兰娜·莱文

医学博士　贾森·刘

医学博士　蕾切尔·马丁－布莱斯

医学博士、美国儿科学会会员　杰茜卡·马修

医学博士　布伦达·B.梅迪娜

医学博士、美国儿科学会会员　基兰·米撒

医学博士、美国儿科学会会员　安杰丽·莱纳

牙医博士、理学硕士　埃琳娜·卢麦科

公共卫生硕士、注册营养师　贝丝·萨尔茨

珍妮弗·比尔·萨克斯顿

医学博士、美国儿科学会会员　达妮卡·舒尔特

医学博士　琳塞·F.施瓦茨

医学博士、美国儿科学会会员　妮娜·夏皮罗

医学博士、美国儿科学会会员　珍妮弗·舒

医学博士　克里斯蒂娜·凯迪·唐

医学博士、美国儿科学会会员　张思怡（音）

最后但同样重要的是，感谢我亲爱的家人。谢谢梅丽莎、迈尔斯·雷默、黛安和克利福德·露玛，你们为我提供了问题和育儿的真谛，以及写作方面的支持。由衷感谢我的姐姐坎迪丝·雷默·卡茨，她是医学博士、过敏症专科医生，同时也是一位母亲，她为我提供了哮喘和过敏方面的最新知识，并对本书的编写工作和我的生活作出了极大的贡献。

我的父母唐纳德和露易丝·雷默，是他们赋予了我生命，我取得的成绩也归功于他们。还有我的祖父母，是他们一直支持并鼓励我实现自己的梦想。谢谢我的祖父母和外祖父母帮我照顾我的儿子们，陪他们玩耍，教导他们，使我得以有时间为患者看病并完成了本书的写作。

最后，感谢我的丈夫，他是有史以来最好的父亲，他包揽了家里的所有工作，没有他我不可能取得现在的成绩。我的3个可爱的儿子，艾弗瑞

克、科伦和马克斯顿，他们"教"给我的儿科和育儿知识比我在办公室里学到的还要多，是他们让我用微笑面对每一天。作为他们的母亲，我感到无比自豪！

前　言

作为一名儿科医生，我解答家长的问题已经有 20 年了。这也是我为父母、祖父母或外祖父母和护理人员写作本书的原因。将这本书放在你的床头柜或妈咪包里，当问题发生时，不管是宝宝咳嗽、发热、起尿布疹或是腹痛，你都能第一时间找到简洁明了又准确易懂的答案。

本书重点关注宝宝从出生到 3 岁的阶段，主要解答父母对于母乳喂养、辅食添加、哭闹、睡眠、疾病和儿童看护等方面最为关注的问题。本书不仅能够回答你今天遇到的问题，还能解答你将来可能遇到的问题。本书提供了实用的信息、建议和重要的技巧，并告诉你何时需要带宝宝去看儿科医生。在你带宝宝去看儿科医生前，可以先查一查书里面是否有你需要的答案。

儿科学有其自身特点，儿童所处的年龄阶段不同，很多常见问题的答案也往往不同，对此你不必惊讶。**在本书中，我将从出生到 1 个月大的宝宝称为新生儿，从 1 个月到 1 岁大的宝宝称为婴儿，从 1 岁到 3 岁大的宝宝称为幼儿。**和所有的建议一样，有时去医院看医生是非常重要的。基于这个原因，我将这样的情况标注上了医院的符号。

本书中的信息和建议，若无特殊说明，两种性别的孩子都适用。

希望本书能对你有所帮助。但是请不要忘记，你才是最了解自己孩子的人。你肯定会有书中没提到的问题。如果遇到这样的问题，无论它们看起来多么微小或愚蠢，请咨询儿科医生。无论何时，当你产生严重的担忧时，请记住，包括本书在内，没有一本书可以代替直接的医疗建议，你应当毫不犹豫地带宝宝去看儿科医生。毕竟，这是我们一直守护在这里的原因。

记录功能使用说明

本书的底部提供了一个空间供读者记录育儿日常、宝宝的成长或自己的心得，以及其他想记录的事情，具体可以记录的事列举如下。

1. 日常育儿记录

- 宝宝今天吃了几次奶？
- 一次的吃奶量是多少？
- 宝宝今天大便了几次？
- 宝宝今天的大便是什么形态或颜色？
- 带宝宝外出要准备什么？
  ……

2. 宝宝的成长

- 宝宝出生时的身长、体重。
- 宝宝出生时的外貌特征。
- 宝宝何时第一次笑？
- 宝宝何时第一次翻身？
- 宝宝何时第一次抬头？
  ……

3. 自己的心得

- 你喜欢看到宝宝什么样的时刻？
- 你学会了什么育儿新技能？
- 写下一件今天想记住的事。
- 你为宝宝做的什么事情是以前从未想过的？
- 成为妈妈让你更坚强还是更柔弱？
  ……

目　录

第 5 章　　大便问题 ·· **73**

第 6 章　　腹痛与呕吐 ·· **85**

第1章

基础护理

如果你正在阅读这本书，说明你可能即将面临分娩，或是在护理小宝宝上遇到了一些问题或麻烦。无论你是想弄清楚宝宝为什么哭闹（他是饿了、尿布湿了还是累了？），还是不知道该怎么给他穿衣服，或者不知道带他第一次出门看医生时该怎么准备（不要忘记带上备用纸尿裤），我首先要告诉你的是，恭喜你，你正在努力成为一名合格的（准）新手父母。

哪怕在过去的 9 个月里，你已经为即将到来的新成员做足了准备，但你很可能会发现，当你成为一名新手父母时仍然需要一些指导。在医院里，护士、哺乳顾问和医生可以随时为你提供帮助。你可能依然在读着那些必备的育儿书籍，花许多个晚上给你的妈妈或女友们打电话讨论所有的细节。也许你认为你已经做好了准备，但是没有任何东西可以让你对即将开始的令人疯狂又兴奋的旅程做好充分准备。大多数新手父母都会遇到问题，而且问题通常很多！本书列举了新手父母最关心的一些问题。（如果你寻找的是关于睡眠、喂养、排便或与皮肤相关的问题的答案，那么请放心，这些极其重要的话题在本书中均有涉及。）

分娩之后

1. 产房里会发生什么？

如果你是第一次生孩子，那这绝对是一次令你终生难忘的经历。不过不用担心，医生、护士还有其他专业人士都会陪伴在你身边，帮助你和小家伙顺利度过这个"难关"。你的肚子将会被绑上监控器，以在整个分娩过程中随时监测你和宝宝的状态。无论你选择顺产还是剖宫产，都会有指定的医生和护士为你和宝宝随时待命。

分娩结束后，医生将会擦干净宝宝的身体，抚摸他的后背，直至听到第一声响亮的哭声（说明他的肺可以正常工作）。刚分娩后，宝宝的哭声是最动听的声音，因为它代表宝宝应该是健康的。这是宝宝的第一次呼吸，大哭可以帮助他扩张肺部，排出口中和气道中残留的液体。然后，护士可

2

能会将宝宝放在你的胸口上与你肌肤接触。宝宝可能会搜寻你的乳头，第一次尝试吮吸母乳。

如果医生认为宝宝需要特殊照顾，他会将他放入保温箱（与你同屋），接受进一步的检查。这将在分娩后随即发生或是在短暂的母婴接触后发生。无论哪种情况，请允许医生和护士做好他们的本职工作，因为他们需要迅速确定宝宝的健康状态。他们的首要任务是检查宝宝的心脏跳动是否正常，肺部扩张是否充分。

护士可能还会询问你的伴侣或其他家庭成员是否愿意自己动手剪断脐带。这项操作可以自由选择而且很简单，或许会留下一段美妙难忘的记忆。护士或医生会教他如何操作（他们甚至可以根据你的要求拍一张照片留念）。在完成检查表上所有项目后（通常只需要几分钟），护士会为宝宝测量身高、体重，然后将他抱回你的身边（为了保暖，宝宝会被包上襁褓，戴上小帽子）。

2. 要为宝宝注射维生素 K 和涂眼药膏吗?

是的。为宝宝注射维生素 K 是宝宝出生时为他做的最重要的事情之一，因为它可以降低宝宝在出生后最初几周内发生严重出血的风险。维生素 K 是血液中必不可少的凝血辅助因子。所有新生儿在出生时，由于肝脏和肠道还未发育成熟，体内维生素 K 水平都比较低。如果不能及时补充维生素 K，会置新生儿于严重的出血风险之下。只需简单地将维生素 K 注射在宝宝的大腿部位即可，这是美国儿科学会推荐的。

3

___ 年 ___ 月 ___ 日 · 记录宝宝的喂养、排便、身高体重、成长进步或你的心得。

红霉素眼膏是一种抗生素软膏，可以用来预防在分娩过程中可能造成的眼部细菌感染。或许你的宝宝感染的风险很低，但是使用红霉素眼膏没有什么危害，防患于未然总是好的。

3. 如何与宝宝建立亲密关系？

有许多方式可以帮助你和宝宝建立亲密关系。亲密关系的建立是一个随时间而发生的自然过程。如果你没有立即感受到也没关系，只要关注宝宝的所有需求，他就会很好。建立亲密关系的过程不只包括你慢慢熟悉宝宝，也包括宝宝逐渐熟悉你。母乳喂养是一种绝好的方式，因为你可以学会识别宝宝的肢体语言和面部表情，宝宝也会意识到你是舒适感的来源，母乳喂养会建立这种信任感（关于母乳喂养的更多信息参见第2章）。如果你采用的是奶瓶喂养，喂奶的过程对于建立亲密的和充满爱的关系同样

宝宝的卧室（或同屋但不同床）

宝宝不需要立刻拥有自己的卧室。事实上，美国儿科学会建议宝宝与你同屋，但是要有他自己安全的睡眠空间，如婴儿床或摇篮。任何平坦的、结实的表面对宝宝来说都是可以接受的。最初几个月，摇篮可能更方便，因为它更易于移动。另外，请谨记摇篮或婴儿床上应当"空无一物"，也就是不能有玩具、防撞垫、枕头或被子。而且，要永远让宝宝保持仰卧睡姿！如果你想装扮一下房间，悬挂一些物品让宝宝看看也很好，但在宝宝睡觉时不要放在他的身边。

4

___ 年 ___ 月 ___ 日·记录宝宝的喂养、排便、身高体重、成长进步或你的心得。

重要。父母双方都可以和宝宝进行肌肤接触，这样他可以感受到你们的温暖并熟悉你们的气味。抚触也很重要，为宝宝按摩和洗澡也是安抚宝宝、与他建立亲密关系的好方法。使用婴儿背带背着宝宝或将宝宝放在婴儿背巾里斜挎在胸前，也是与他建立亲密关系的好方法，这样你在走路时也会轻松一些。

4. 产后有些情绪低落，这正常吗？

生产后有情绪波动或者存在沮丧的情绪是正常的。多达 80% 的女性在宝宝出生后会出现一定程度的沮丧情绪，所以你并不孤单。一些新手妈妈可能会在产后出现情绪低落、疲倦、焦虑、难以入睡（哪怕当宝宝睡着时）、胃口不如以前、时常哭泣或是没有任何明确理由地大哭等表现。引起这些状况的准确原因我们目前还不完全清楚，有些人认为原因可能是激素水平的变化以及环境的改变。无论如何你都要记住，你并不是孤身一人。

能让你感觉好一些的最佳方法就是照顾好自己。你可以请家人或朋友帮忙照顾宝宝，或是帮忙做家务（如果可以的话，雇个月嫂或育儿嫂）。请记住：营养均衡的饮食，呼吸新鲜空气，还有做自己喜欢的事情，都十分重要。如果你、你的家人或医生认为与心理医生或心理咨询师聊一聊会有所帮助，那就不要犹豫，心理专家能够帮助存在产后沮丧或患有产后抑郁症的母亲。

其他被认为有所帮助的方法包括：

☐ 进行中低强度的运动；

___ 年 ___ 月 ___ 日·记录宝宝的喂养、排便、身高体重、成长进步或你的心得。

□ 多喝水；

□ 服用 Ω-3 脂肪酸、叶酸、镁和钙等营养补充剂（须在医生的指导下服用）；

□ 避免摄入咖啡因和酒精。

睡眠不足也会让你感到处在崩溃的边缘。记得四五天没睡觉后，我没有任何理由地痛哭流涕，不能自已！让别人来帮忙，这样你就可以小睡一会了，这会让你感觉大不相同。

如果你采用的是母乳喂养，那我要告诉你的伴侣："请承担起半夜起床为宝宝换纸尿裤的工作，或者只是简单地将宝宝抱给妈妈喂奶、喂完后再把他抱回摇篮中，即便这样也可以让妈妈多休息一会儿，同时让她感觉到你的支持。"

✚ 如果宝宝出生 3 周后，你仍然感到不堪重负或者情绪低落，请立刻去看医生。如果类似的感觉持续超过 2 周并且不是来了又走，也请立刻去医院寻求帮助。这种情况下，你或许需要接受治疗或者服用药物。不要不好意思请家人或朋友帮忙，宝宝的诞生对所有人来说都是值得高兴的，他们都会非常乐于出一份力。

6

___ 年 ___ 月 ___ 日 · 记录宝宝的喂养、排便、身高体重、成长进步或你的心得。

外出

5. 何时带宝宝去体检？

　　最好在宝宝出院后不久就安排一次体检，以确保他的喂养、排尿和排便情况正常、没有出现黄疸（参见第 101 个问题）、体重没有减轻过多。所有的宝宝在出生后，一开始体重都会有所减轻，大部分会在 2 周左右的时候恢复出生时的体重。因为大多数宝宝出生后只会留在医院 2 ~ 3 天，所以这次的早期体检尤其重要。

　　需要记住的是：在睡眠被剥夺后，你可能只能勉强记住自己的名字，更别说那些半夜想到的问题了，所以当你想到有什么要问医生或有什么要准备的时候，就写下来。第一次带孩子外出体检前，要准备好出门需要的物品（参见下文"妈咪包建议物品"），另外，保证出门时预留充足的时间，你会需要一些时间来适应带着一个婴儿走来走去！

　　体检时，医生会从头到脚为宝宝做检查，检查他的生长情况，评估他的发育情况，寻找是否有生病的迹象，并且提供建议以帮助宝宝保持健康、快乐和安全。

妈咪包建议物品

　　宝宝时时刻刻都需要很多东西，所以，请准备 1 ~ 2 个妈咪包（如果是 2 个妈咪包，可以将其中 1 个交给帮你照顾宝宝的人）。这样的话，如果外出

7

_____ 年 _____ 月 _____ 日·记录宝宝的喂养、排便、身高体重、成长进步或你的心得。

妈咪包建议物品（续）

的时间比较长，也能保证所有必需品都够用。

一个资源丰富、存货充足的妈咪包应该包含以下物品。

☐ 纸尿裤，至少5片；

☐ 隔尿垫；

☐ 宝宝湿巾；

☐ 护臀膏；

☐ 用来装脏纸尿裤和脏衣物的塑料袋；

☐ 配方奶、奶瓶和奶嘴（如果是采用配方奶喂养的话，对于大一点的孩子，应准备一个学饮杯）；

☐ 拍嗝布；

☐ 瓶装水（用来冲调配方奶、清洁污渍或自己饮用）；

☐ 装在密封袋中的换洗衣物（宝宝的和你自己的）；

☐ 毯子；

☐ 安抚奶嘴（如果你的宝宝用的话）；

☐ 对乙酰氨基酚；

☐ 免洗洗手液；

☐ 摇铃或其他玩具；

☐ 重要信息清单，包括医院儿科的电话号码、宝宝的近期体重（注明日期）、宝宝的过敏情况（如果有的话）以及疫苗接种记录（最好将这些信息保存在手机中，这样总能触手可及）。

包里的物品使用后，记得及时补充。

8

___年 ___月 ___日·记录宝宝的喂养、排便、身高体重、成长进步或你的心得。

6. 何时才能带宝宝外出？

无论你是考虑去户外，还是去室内，抑或是坐飞机，都请遵守一个经验性的原则，那就是：如果可能的话，在宝宝6～8周大前尽量避免去人多的地方。这是因为新生儿的免疫系统还处于发育的过程中，所以他容易患上感冒，并且病情会在短时间内迅速加重。还要避免带宝宝去任何封闭的场所，比如杂货店、商场、电影院、人多的聚会或飞机上，在这些地方他可能接触到生病的人，尤其在冬天。一些人也许并没有外在症状，但他们仍可以传播病菌！只要有可能，不要让任何有明显症状的人靠近宝宝。尽量不要让年幼的孩子接近宝宝，因为他们可能会随处乱摸，容易传播病菌。还要尽量减少触摸宝宝、冲着他呼吸或咳嗽的人的数量。

在宝宝足够大且你已经知道要避免什么后，带宝宝出门就完全没问题了。为宝宝穿上合适的衣物（参见下文"宝宝是冷还是热？"），然后就可以在住所周围散散步或尽情享受户外漫步了。

7. 可以带宝宝坐飞机吗？

如果可能的话，在宝宝6～8周大前不要带他坐飞机。危险不在于坐飞机本身，而在于他可能接触到生病并且具有传染性的人（参见第6个问题）。否则，除了可能的耳部不适，坐飞机不会给宝宝带来任何风险。宝宝的咽鼓管比成人短，而且与成人的形状不同，所以飞机起降时（降落时比起飞时更常见）气压的变化有时会引起宝宝耳朵疼痛。此时哺乳、用奶瓶

___ 年 ___ 月 ___ 日·记录宝宝的喂养、排便、身高体重、成长进步或你的心得。

宝宝是冷还是热？

关于这一点，你无法知道确切的答案，除非你走到哪儿都带着一支温度计（但这不现实，也不推荐）！宝宝不会像我们希望的那样出汗或发抖，而且还不能告诉我们他的感受。一般性原则是宝宝穿的衣服层数应该和我们一样多。如果给宝宝多穿一层衣服会让你感觉更安心（或者让宝宝看起来更舒适）的话也没有问题。你不需要因为家里多了个宝宝就大幅改变室内温度，只要为他穿上合适的衣物即可。如果天气炎热，你只穿了一件T恤和一条短裤，那宝宝穿一件连体服就没问题。如果外面温度低，你需要穿上毛衣和夹克，那就给宝宝穿上同样的衣服。戴帽子始终是个好主意，只要它能保持不被摘掉！在寒冷的时候，帽子可以避免大量的热量从宝宝的头部散失；在炎热的时候，帽子可以为他遮挡阳光。

保持宝宝健康

最好不要让家里的大孩子亲吻或触摸宝宝的脸或手，可以让他们温柔地触摸或亲吻宝宝的脚趾头，这样可以避免将疾病传染给宝宝。你还可以任命大孩子为"洗手监督员"，让他们监督所有访客在抱宝宝前洗净双手。

喂奶，或让宝宝吮吸安抚奶嘴，通常可以减轻宝宝的不适，因为吮吸和吞咽可以帮助平衡咽鼓管内外的压力。等你确定飞机马上就要起飞或开始下降时再使用这些方法，这样可以防止宝宝过早吃饱或过早停止吮吸。另一种可以减轻不适感的方法是在起飞前大概 30 分钟，给宝宝吃适量的对乙酰

___ 年 ___ 月 ___ 日 · 记录宝宝的喂养、排便、身高体重、成长进步或你的心得。

氨基酚。如果飞行时间超过 4 小时，可以在降落前 30 分钟左右再吃一次（参见第 101 页对乙酰氨基酚剂量表和布洛芬剂量表）。注意：6 个月以下的宝宝不能服用布洛芬。

哭闹

8. 为什么宝宝总是哭个不停？

宝宝确实会哭闹，这是他的交流方式，不要放在心上。他或许是饿了、胀气、尿布湿了、冷了，或者只是想让你抱抱。最初几周，如果不是因为饥饿，胀气很可能是导致宝宝哭闹的原因。喂奶前，或宝宝看起来胀气或烦躁的时候，你可以给他做"排气操"（比如让宝宝仰卧，轻柔地让他的腿在空中做蹬自行车的动作，让他的膝盖可以压住他的腹部）。到宝宝 3 个月大时，你会更了解他，或许你已经学会了如何区分他的哭声所代表的含义。当你喂饱了宝宝，给他拍过嗝，换了尿布，检查并确认周围没有什么可以伤害到他的东西后，让他哭一小会儿一般也没关系。

医学博士、美国儿科学会会员哈维·卡普发明了一种可以安抚哭闹的宝宝的实用方法，即"5S"法：包襁褓（swaddling），清醒时保持侧卧或趴着（side/stomach positioning while awake），发出嘘声（shushing），轻轻摇动（swinging）和吮吸（sucking）。我想补充一种方法，那就是唱歌（宝宝不会在意你是否走调）。有些宝宝还喜欢四处移动，所以你可以抱着他慢舞、走

___ 年 ___ 月 ___ 日·记录宝宝的喂养、排便、身高体重、成长进步或你的心得。

一走。

✚ 假如宝宝哭声尖锐、哭闹过多或无论你怎么做都无法让他停止哭闹，请带他去看儿科医生，因为严重的哭闹可能是患病的信号。

9. 如何包襁褓？包裹多长时间最合适？

给宝宝包襁褓可以安抚他并有促进睡眠的作用。新手父母通常能从护士那里学习如何给宝宝包襁褓。下面我讲解的是包襁褓的常用方法。首先，我要提醒一下，在包襁褓时，要确保宝宝的髋部不被很紧地包裹住。

在平坦的表面上铺一张毯子，毯子的一角指向你，把毯子的顶角向下折几厘米。让宝宝躺在毯子上，宝宝的头刚好放在折叠下来的顶角上。拉住毯子的左角或右角越过宝宝的身体，确保宝宝同侧的手臂被包裹进去并保持舒服的弯曲状态（肘部弯曲，手臂放在身体的侧面或上面）。让毯子的这一角稳稳地压在他的身下。接下来，把毯子的底角拉向中心位置，宝宝的腿应该像青蛙的腿一样，可以舒服地弯曲。如果毯子够长，底角可以盖过宝宝的肩膀。最后，将最后一角（右角或左角）拉向你的方向并拽紧。然后将它拉过宝宝的身体，包住另一个手臂，舒服地塞在宝宝身下。现在，你真的拥有一个小小的快乐煎饼卷了！请确保毯子没有盖住宝宝的鼻子或嘴巴，否则会影响宝宝呼吸。

新生儿在襁褓里会感到非常舒服和安全，因为这会让他想起在母亲子宫中的感觉。紧裹的襁褓还有很好的保温效果。当宝宝扭动身体想挣脱出

✒ ___ 年 ___ 月 ___ 日·记录宝宝的喂养、排便、身高体重、成长进步或你的心得。

襁褓或是奋力抵抗时，这是在告诉你他不想再被包在襁褓里了。一般来说，当宝宝 3 ~ 6 个月大时，在他学会如何翻身后就会开始变得比较好动。一旦他能够翻身，就不应该再给他包襁褓了。当襁褓不再适用后，睡袋是不错的替代品。睡袋可以有效地帮助宝宝保暖，而且不会把他裹住；另外，用了它你就不需要在婴儿床上放置毯子了（以免宝宝翻身时被毯子缠住；如果毯子恰好在他的鼻子或嘴巴附近，还可能影响他的呼吸）。更多关于安全睡眠的信息参见第 14 章。

10. 可以给宝宝使用安抚奶嘴吗？

关于安抚奶嘴的使用一直存在着争论，以下是使用安抚奶嘴的优缺点。

优点

☐ **可以降低婴儿猝死综合征的发生风险**

至于为什么，我也不确定，有些专家认为吮吸可以刺激呼吸中枢，但也有人认为使用安抚奶嘴可以保持气道通畅。美国儿科学会提出：在婴儿 1 岁前，入睡过程中使用安抚奶嘴可以起到保护作用，但是不能在婴儿睡着后重新放入他的嘴中。如果你采取的是母乳喂养，可以在宝宝完全适应母乳喂养后（通常在他 2 周左右大的时候）再引入安抚奶嘴。

☐ **可以让婴儿通过吮吸安抚自己**

你的乳房不应该是安抚奶嘴！如果宝宝吮吸欲望很强烈，或在吃饱、拍嗝和更换尿布后还是烦躁不安，为什么不试试用安抚奶嘴让他平静下来

_____ 年 _____ 月 _____ 日·记录宝宝的喂养、排便、身高体重、成长进步或你的心得。

呢？我的二儿子是个不折不扣的安抚奶嘴宝宝，安抚奶嘴可以让他快乐、平静，这个理由对我来说足够了。

缺点

☐ 早期使用会干扰母乳喂养

当宝宝嘴里含着安抚奶嘴时，你很难辨别和理解他的暗示，当然也容易忽略他发出的饥饿信号。另外，由于吮吸安抚奶嘴（甚至奶瓶）的动作与吮吸乳头有细微的不同，所以有些专家认为婴儿或许会因此感到迷惑（虽然大多数宝宝可以学会自如切换）。

☐ 过度使用

婴儿很快就会适应使用安抚奶嘴来安慰自己和帮助自己入睡，这个习惯往往很难改掉。大一些的孩子使用安抚奶嘴容易患上感冒，因为他们习惯于持续地吮吸东西或把东西放进嘴里（细菌的常见入口）。另外，使用安抚奶嘴超过2年会影响牙齿的排列和咬合（有的宝宝使用1年就会有这种情况）。

☐ 增加耳部感染风险

使用安抚奶嘴和儿童耳部感染的发生率增加看起来有联系。有些专家认为持续地吮吸安抚奶嘴会使液体流入中耳，增加宝宝发生耳部感染的概率。

所以，你会怎么做？如果你有一个难安抚的宝宝或是吮吸欲望强烈的宝宝，又或者你希望使用安抚奶嘴帮助宝宝入睡，那么我建议等宝宝完全

___ 年 ___ 月 ___ 日·记录宝宝的喂养、排便、身高体重、成长进步或你的心得。

适应母乳喂养以及体重增长以后（通常在 2 ～ 4 周大时）再开始使用。在 4 ～ 6 个月大这个阶段，宝宝会发展在白天和夜间自我安抚的技巧（这时他应该能睡整觉了。如果还不能，请参考第 14 章的内容）。我认为 6 ～ 12 个月大之间，可以为宝宝戒掉安抚奶嘴。相比更大的年龄段，在这个年龄段戒掉安抚奶嘴会更容易一些。当宝宝大约 6 个月大时，你可以将安抚奶嘴换成安抚巾。我的三儿子在 22 个月大的时候，睡觉时依然离不开安抚巾，安抚巾不会影响他的牙齿，而且他很开心，睡得也很好，所以这是"双赢"的局面。如果宝宝不喜欢安抚奶嘴，不要强迫他接受。

身体各部位的护理

宝宝的身体有许多部位需要护理，父母需要相应的指导。因为本书旨在解答常见的问题，所以涉及的身体部位看起来有些随机。如果你还有其他问题，请记下来，下次带宝宝去体检的时候问一下儿科医生。如果你的问题亟待解决，那就立刻去看儿科医生。

11. 宝宝的脐带残端何时才能脱落？

别担心，脐带残端不会永远留在那里。一般情况下，宝宝出生后 1 ～ 3 周，它就会脱落。在这期间，你需要确保这片区域洁净、干燥。你也可以完全不管它，这样你的任务又少了一项。如果这片区域被宝宝的大小便污染了，你要用婴儿湿巾或酒精棉签将其擦拭干净。有些人喜欢将尿布的前

___ 年 ___ 月 ___ 日·记录宝宝的喂养、排便、身高体重、成长进步或你的心得。

侧折下来（或购买新生儿专用纸尿裤，其肚脐位置有专门设计的缺口），这样可以避免刺激脐带残端。

脐带残端开始脱落时，可能会出现少量带血的液体甚至凝固的血液，这很正常。你或许还会在宝宝的肚脐底部发现一坨小小的黏糊糊的东西（脐带肉芽），还有可能发现医生所说的"脐带胶质"，这是脐带中的正常物质。但是不管怎样，如果你看到什么奇怪的东西或者闻到什么奇怪的气味，请咨询儿科医生。自行使用酒精每天擦拭几遍会有所帮助。你也可以咨询儿科医生是否可以使用硝酸银，以帮助黏糊糊的脐带残端干燥愈合。脐带肉芽最终会消失，宝宝的肚脐很快就会"正常"了。脐带残端脱落后的1~2天内，在宝宝的肚脐干燥愈合前，可以根据需要为宝宝进行海绵擦浴。宝宝的肚脐干燥愈合后，你就可以用浴盆给他洗澡了。

指甲，剪还是不剪？

我不知道哪个更难：是看到宝宝经常用指甲抓伤自己却无能为力，还是试着把他们的指甲剪短。其实不必如此纠结，一个简单（有时也更安全）的方法是把宝宝的指甲锉短。如果你选择了剪指甲，却不小心剪伤了宝宝的皮肤，要进行压迫止血（出血一般极少），然后妥善清理伤口。不用担心，宝宝不会记得你犯的错，你可以根据需要继续为他修剪指甲。虽然非常少见，但是如果剪伤的地方持续流血或出现感染的迹象，比如发红、肿胀或有液体渗出，请带宝宝去看儿科医生。如果可能的话，不要给宝宝戴手套，他需要用手去触摸物品，感受周围的环境。

16

_____ 年 _____ 月 _____ 日·记录宝宝的喂养、排便、身高体重、成长进步或你的心得。

✚ 　如果脐带残端周围的皮肤发红，或者脐带残端脱落几天后还有液体甚至是血液持续渗出，请带宝宝去看儿科医生。脐带残端部位感染虽然很少见，但后果往往非常严重。

12. 如何缓解宝宝的鼻塞？

新生儿和婴儿的鼻腔通道很细小，一点点鼻涕就会让他们的呼吸声很大。哪怕宝宝听起来鼻塞很严重，除非影响到了进食和睡眠，否则无须为此担心。如果鼻塞确实影响到了宝宝的进食和睡眠，请带他去看儿科医生。给宝宝喂奶的时候让他保持竖立，或将婴儿床或摇篮的头部位置稍稍垫高也会有所帮助。另外，可以试试以下技巧来帮宝宝缓解鼻塞。

□ 宝宝睡觉时，在房间内使用加湿器来保持宝宝鼻腔黏膜湿润。但要记得每周清洁加湿器，以防细菌在加湿器内部滋生并扩散到空气中。

□ 往宝宝的每个鼻孔中滴一滴鼻腔生理盐水（如果生理盐水从宝宝的鼻腔流到了他的咽后部，他可能会咳嗽，这没关系），然后用婴儿吸鼻器轻轻地将鼻涕吸出来。有些婴儿吸鼻器是电动的，另一些则需要你将管子的一端放进宝宝的鼻腔中，然后用嘴巴帮宝宝把鼻涕吸出来（不用担心，过滤器会挡住鼻涕，所以不会真的有鼻涕流进你的嘴里），如果你可以熟练使用或者有人可以帮忙，那就按住宝宝的一侧鼻孔，吸另一侧鼻孔。尝试在宝宝身体略微竖直的时候给他吸鼻涕，因为重力可以帮助鼻涕流出。最好不要一天内吸太多次，因为这样会刺激宝宝的鼻黏膜，加重鼻塞。

□ 也可以在宝宝的鼻腔内滴入生理盐水后，让他趴一会儿。当他上下

🖊 ＿＿ 年 ＿＿ 月 ＿＿ 日·记录宝宝的喂养、排便、身高体重、成长进步或你的心得。

晃头（甚至当他哭的时候），鼻涕可能会自己流出来。

你可以购买现成的鼻腔生理盐水或者自己制作（1/4 茶匙的盐配上 250 毫升的水，甚至可以在里面加几滴母乳）。

虽然在多数情况下鼻塞是导致宝宝呼吸声大的原因，但是识别出真正需要诊断的呼吸问题的信号也非常重要。新生儿一般每分钟呼吸 30 ～ 60 次（1 ～ 2 秒钟呼吸 1 次），比大孩子和成人要快得多。如果你感觉宝宝每秒钟呼吸不止 1 次，请仔细观察是否有如下情况。

☐ 宝宝的肚子或肋间隙伴随着呼吸一起一伏；

☐ 你可以听到哮鸣音（一种高调的口哨声）或其他声音；

☐ 宝宝呼吸时头部来回晃动；

☐ 宝宝咳嗽；

☐ 宝宝每次呼吸时鼻翼张开（鼻孔张大）；

宝宝打嗝

宝宝很少会因为打嗝而感到不舒服，但这往往让父母非常担心。事实上，大多数宝宝都会偶尔打嗝。给宝宝好好拍拍嗝，或者在喂完奶后让他身体保持竖立，往往可以减少打嗝现象的发生。另外，在宝宝平静而不是极度饥饿或焦虑不安的时候喂奶，也可以预防打嗝。

如果宝宝在吃奶的过程中打嗝，要停止喂奶，给宝宝拍嗝，并改变喂奶姿势。打嗝往往会在 5 ～ 10 分钟后自动停止（极少数情况下会持续更长的时间）。如果宝宝的打嗝不能自行停止，可以尝试再次喂奶一小会儿。

18

＿＿ 年 ＿＿ 月 ＿＿ 日·记录宝宝的喂养、排便、身高体重、成长进步或你的心得。

□ 宝宝皮肤发青。

✚ | 如果存在以上任何一种情况，或者你不能确定，请立刻带他去看儿科医生。

13. 如何防止宝宝长成扁头？

要想防止宝宝长成扁头（也称斜形头），需要确保在他睡着时将他的头交替转向一侧，这样可以防止宝宝头骨上任何相对较软的部分在压力的作用下变得扁平。你也可以改变宝宝躺在摇篮或婴儿床里的方向，还可以两侧交替地喂奶或抱他，这会帮助他习惯看向两个方向，向两个方向转头。

请记住：儿童汽车安全座椅是为汽车制造的，不是整天携带宝宝的工具。小宝贝坐在儿童汽车安全座椅、婴儿摇椅或其他设备上，头部压在平坦表面上的时间越长，发生扁头的概率就越大。

最重要的是，在宝宝醒着的时候，在有人看管的情况下，记着多让他趴一会儿，这可以让他的头部、颈部和上半身更强壮。

如果你发现不管用了什么方法，宝宝看起来还是扁头，请带他去看儿科医生。医生可能会给你一些特定的姿势和锻炼方法的建议，或者在任何方式都不起作用的极端情况下，介绍你去做一个矫正头盔的评估以帮助矫正头形。

19

✐ ___ 年 ___ 月 ___ 日·记录宝宝的喂养、排便、身高体重、成长进步或你的心得。

14. 要给宝宝割包皮吗？割完包皮后如何护理？

总体来说，是否给宝宝割包皮完全由你决定。虽然这一手术有一些已知的医学上的益处，包括降低发生尿路感染、性传播疾病或阴茎癌的风险，还可以减少宝宝在今后生活中性伴侣罹患宫颈癌的风险，但还有许多其他方式可以预防这些情况的发生。最终，做出决定的原因可能正如我的导师所说："有其父必有其子！"

包皮环切术已经有几千年的历史了，虽然手术技术和术后护理指导或许有所变化，但大多数包皮环切术从本质上来讲是一样的。包皮环切术的操作方法和专家的偏好决定了术后阴茎护理的方法。

包皮环切术一般是两种方法选择其一，两种方法都会在局部麻醉下进行，所以宝宝不会感到疼痛。第一种方法要用到 Plastibell 式包皮钳，它是一个圆环，在包皮环切术后 1 周左右脱落。第二种方法，也是现在用得最为广泛的一种方法，要用到非环形金属夹，这种夹被称为 Gomco 或 Mogen 式包皮钳。术后，医生通常会用一片薄薄的纱布盖住切口位置。纱布一般会在 24 ~ 48 小时内自行掉落。有时医生会要求你自己更换纱布。一般 7 ~ 10 天内切口部位会出现黄色的硬痂，不用担心，切口最终会愈合并看起来与正常无异。在痊愈前，医生或许会建议你在每次为宝宝更换尿布时，在他的阴茎顶端涂上凡士林或其他软膏，以防止该区域与尿布粘连。如果粘住了，别惊慌，只要在上面倒一点温水就可以了。

✚ | 如果宝宝术后尿流不连续，或者手术 8 小时后还没有排尿，又

___ 年 ___ 月 ___ 日·记录宝宝的喂养、排便、身高体重、成长进步或你的心得。

+ 或者尿出的是血或脓液，而且皮肤发红或有瘀青，请带宝宝去看儿科医生（或为宝宝做包皮环切术的医生）。

15. 如果宝宝没有接受包皮环切术如何清洗他的包皮？

无论如何，现在不要拉开并清洗宝宝的包皮，这其实会对组织造成细小的撕裂伤，这些撕裂伤会导致他在今后的生活中发生包皮粘连或其他问题。你可以仅用水（使用或不使用温和的肥皂）清洗宝宝包皮的外部，就像清洗宝宝身体的其他部位一样。当男孩们长大一些后（通常在2岁左右），他们会开始出现夜间勃起，包皮自己就会轻柔地伸展开，任何已经产生的粘连也会分开。即便如此，许多正常的小男孩要到四五岁的时候才会自己翻开包皮，那时你就可以教他在洗澡的时候如何轻柔地清洗包皮以及包皮里面的龟头了。在适当的时候，包皮将会变得可以被轻松翻开，这时孩子也已经成熟到可以自己照顾它了。

+ 如果宝宝的阴茎周围出现红肿疼痛，请立刻带他去看儿科医生。

16. 宝宝的尿布上有一道红色条纹，是血迹吗？

虽然尿布上的红色条纹确实可能是血迹，但出血并不是尿布出现红色最常见的原因。

□ 如果红色区域看起来呈粉末状，有些像腮红，那可能是尿酸盐结晶（它们是宝宝出生后的最初几天，由于母乳供应还不充足，宝宝吃奶量较

___ 年 ___ 月 ___ 日·记录宝宝的喂养、排便、身高体重、成长进步或你的心得。

少而出现在尿液中的小颗粒）。你经常可以看到这些结晶的斑点被宝宝的尿液环绕在中间。在宝宝出生后的最初几天内，它们在尿布上出现非常正常，没什么可担心的。

□ 如果宝宝接受了包皮环切术，在与包皮环切部位接触的尿布上或许会出现深黄色或血色的污渍。此时，请检查他的阴茎顶端是否有感染或流血的迹象。如果发现可疑情况，请带宝宝去看儿科医生（参见第14个问题）。

□ 如果是女宝宝，那红色的污迹确实有可能是血迹，但这往往不是需要担心的问题。女宝宝在出生后1周内可能会出现撤退性出血，类似月经，这是因为出生后她们不再处于母亲的高雌激素水平环境下。这种情况一般会自动消失。

✚ 　如果宝宝出生1周后你在尿布上发现了红色条纹，或在任何时候有疑问的话，请去看儿科医生。如果可能的话，尽量带着有污渍的尿布给儿科医生看一下。

22

___ 年 ___ 月 ___ 日·记录宝宝的喂养、排便、身高体重、成长进步或你的心得。

第2章

母乳喂养

许多母亲在怀孕的时候就决定将来要进行母乳喂养了。一些人则还不确定，她们还在搜寻更多的信息。还有一些妈妈，直到她们第一次把小宝贝抱在胸口，肌肤相亲，当那个完美的宝宝用他可爱的小嘴衔住她们的乳头开始吮吸时，她们才做出决定。不管什么时候做决定，这都会给宝宝还有你自己的生活带来不可思议的改变，这种感觉很美好。

基础知识

17. 可以从哪里获得母乳喂养指导？

虽然进行母乳喂养是天性使然，但大多数宝宝并不是天生的专家，妈妈们也不是！如果你没有亲眼看过别人哺乳，看一些宝宝吃母乳的视频也可以让你感觉安心。另外，在分娩前，充分利用产前、分娩和母乳喂养的课程，可以让你了解自己的身体是如何真正产生这种美妙乳汁的解剖学和生理学原理。

你和刚出生的小宝贝可能需要几天（甚至几周）的时间才能学会母乳喂养，尤其当你下奶有点慢的时候。尽量不要灰心。母乳喂养最初可能需要耐心和努力，但是要坚持下去，因为这对宝宝和你的健康都是值得的。不要害怕从第一天开始就寻求帮助。美国儿科学会的育儿书《美国儿科学会母乳喂养指南》是一本通俗易懂、令人愉快的书，它能指导新手妈妈们进行母乳喂养。医院可能会有哺乳顾问，还有接受过培训的护士也可以为你提供帮助。除此之外，现在许多医院都是爱婴医院，具备"爱婴医院"称号的医院在你的分娩过程中和产后护理时会坚持 10 个步骤，以帮助你建立成功的母乳喂养。你的居住地附近或许也有哺乳顾问。试着找一位国际认证的哺乳顾问，哪怕只是在分娩后的头几天和哺乳专业人士见一面，也会对你今后漫长的母乳喂养之路有所帮助。另外，妈妈互助小组、母乳喂养产品商店也可能会有专业人士为你提供帮助。

____ 年 ____ 月 ____ 日 · 记录宝宝的喂养、排便、身高体重、成长进步或你的心得。

母乳真的最好

　　虽然母乳喂养需要你投入大量的时间，是一项辛苦的任务，但是母乳喂养益处很多，而且这段经历也将是无价之宝。母乳可以为宝宝提供对抗细菌和病毒的抗体（这意味着母乳喂养的宝宝会少生病），而且母乳是宝宝最容易消化的食物，宝宝很少对其过敏。另外，相对于其他喂养方式，母乳喂养更经济。还有，母乳喂养不需要花很长时间去准备（只要撩起衣服就可以哺乳）。研究表明，母乳喂养的宝宝发生婴儿猝死综合征、耳部感染、呼吸系统感染和感染性腹泻的比例较低，他们患哮喘、糖尿病和肥胖症的风险也比较低。母乳喂养不只对宝宝有利，对母亲的益处也很多，包括降低将来患癌症和糖尿病的风险以及帮助母亲更快恢复孕前体重等。母乳喂养每天需要消耗高达300 ～ 500 卡 * 的热量，相当于跑步 4.8 千米。

*1 卡 ≈ 4.182 焦耳

---

18. 早产儿可以进行母乳喂养吗?

　　对早产儿来说，母乳依然是最佳的营养来源。母乳的成分会根据宝宝的出生时间和需求发生变化，早产妈妈的母乳与足月妈妈的母乳相比，含有更多的蛋白质和其他营养成分。但是，如果宝宝出生得非常早，根据新生儿科专家和儿科医生的建议，你或许需要在母乳中额外添加维生素和矿物质（如母乳强化剂）来帮助他生长。许多新生儿重症监护室在妈妈没有乳汁的情况下，甚至会使用母乳库中捐赠的母乳喂养宝宝。

　　在医生同意的前提下，应尽早开始母乳喂养。如果一开始宝宝还未足

___ 年 ___ 月 ___ 日 · 记录宝宝的喂养、排便、身高体重、成长进步或你的心得。

母乳喂养的官方建议

母乳是宝宝 1 岁内的最佳营养来源，这一观点得到了美国儿科学会的强烈支持。美国儿科学会建议在宝宝 6 个月大之前以纯母乳喂养，之后在母乳喂养的基础上逐渐添加辅食。母乳喂养要至少持续 1 年。只要你和宝宝愿意，宝宝 1 岁后可以继续母乳喂养。

够发育成熟，不能吸吮乳头，你可以把母乳吸出来喂他。一般来说，妊娠 34 ~ 37 周出生的宝宝能够进行母乳喂养，但是他们与妊娠 37 周以后出生的宝宝相比需要更多的练习。早产的宝宝与足月的宝宝相比更爱睡，更难配合哺乳，对他们来说，清空乳房难度很大。在宝宝出生后的 1 ~ 2 天内，你可以请哺乳顾问帮忙评估你和宝宝的进展。如果泌乳有问题的话，多一些肌肤接触（可以使用袋鼠保育法[①]）以及早些开始用吸奶器吸奶可以帮助增加泌乳量。

如果宝宝在新生儿重症监护室，你可以向护士咨询何时才是抱宝宝、给他喂奶和与他建立亲密关系的最佳时机。你要充分利用一切机会亲近宝宝，比如在护士更换早产儿保育器的时候。

19. 何时才会真正下奶？

在宝宝出生后的 2 ~ 3 天内，你的乳房会分泌黄色的半透明液体，我

[①]　袋鼠保育法就是将婴儿放在妈妈的胸前，让二者肌肤接触。

___ 年 __ 月 __ 日·记录宝宝的喂养、排便、身高体重、成长进步或你的心得。

们称之为初乳。

初乳含有易消化的蛋白质、脂肪和易于吸收的维生素、矿物质以及可以帮助宝宝抵御疾病的抗体。它还含有一种温和的通便成分，可以帮助宝宝排便并排出胆红素（胆红素是一种可以引起黄疸的物质，参见第101个问题）。在最初的几天内频繁哺乳，好好休息（虽然很难有时间，但是你必须休息），补充水分和营养，有助于增加泌乳量。母乳喂养3天左右后，你将开始分泌过渡乳。你的乳房或许会开始感觉更饱满、更柔软。继续规律地哺乳，3～7天后，你应该就能看到宝宝的嘴角或你的乳头滴下白色的乳汁了。恭喜你，你已经真正下奶啦！好的母乳喂养信号，是伴随每一次吮吸宝宝的下巴都会下降且你能听到他的吞咽声，以及宝宝每天都会排尿和排便。体重增长代表宝宝摄入了足够的母乳。每次去看儿科医生的时候，医生都会为他测量体重。

+ 宝宝3～5天大的时候，如果他1天还不能尿湿3～5片尿布或排便3～4次（有时尿布上既有尿液又有大便），请咨询儿科医生，这也许是母乳摄入不足的信号。

20. 新生儿是按时哺乳好还是按需哺乳好？

刚出生时，宝宝一天应当吃8～12次奶，每2～3小时一次。一旦宝宝出现饥饿信号，比如觅食（来回转头并张开嘴巴找乳头）、砸吧嘴唇、做出吮吸动作或把手放在嘴边，请及时哺乳。哭闹是过度饥饿的信号，最

___ 年 ___ 月 ___ 日·记录宝宝的喂养、排便、身高体重、成长进步或你的心得。

好不要等到宝宝哭闹时再喂他。这时宝宝会难以安抚，含乳也会很困难。

最初你可能每侧乳房要喂 20 ～ 30 分钟，但是当你真正下奶且宝宝的体重增长后，他会变得更有效率，每侧乳房的哺乳时间会缩短至 5 ～ 15 分钟。一般来说，哺乳越频繁，你的泌乳量就越多，因为身体会根据宝宝的需求来分泌乳汁。这一点在双胞胎妈妈的母乳喂养上会体现得更充分，双胞胎妈妈可以分泌足够两个宝宝茁壮成长所需的乳汁，这实在让人刮目相看。

虽然有些宝宝每隔几小时就会自己醒来吃奶，但是另一些宝宝则可能需要一点诱导才行。在头几周，最好顺应宝宝的需求，尽可能多地哺乳，因为这是建立适量母乳供应的最好方法，并且可以确保宝宝摄入足够的营养。当宝宝体重增长，高于出生时的体重，并且生长发育良好时（一般在出生后 2 周左右），你就可以让他晚上想睡多久就睡多久了（这时你就可以关掉闹钟了）。如果此时你想尝试更有计划地哺乳（比如每隔 3 小时哺乳一次），那就试一试，看看宝宝反应如何。只是你要知道有些宝宝喜欢在白天频繁地吃奶（每小时都会吃一次或者更多），但是他们夜间吃奶的频率会很低（这意味着你可以睡得更久！）

＋ 如果你对新生宝宝的喂养计划有所担忧，或者不确定他是否摄入了足够的母乳，可以在宝宝两次常规体检之间或任何你认为需要的时候，带他去儿科医生那里测量体重。

＿＿ 年 ＿＿ 月 ＿＿ 日·记录宝宝的喂养、排便、身高体重、成长进步或你的心得。

婴儿维生素

　　美国儿科学会建议所有母乳喂养的宝宝在出生后几天内就开始补充维生素D（每天400国际单位，以婴儿维生素滴剂的形式补充）。这是因为母乳里的维生素D含量不足，而且母亲体内的维生素D不能通过乳汁传递给宝宝。配方奶喂养的宝宝，根据他们喝的配方奶种类和喂养量的不同，有时也需要额外补充维生素。如有疑问，可以咨询儿科医生。

　　需要注意的是，维生素D是脂溶性的，所以如果你不小心喂了太多，可能会导致宝宝服用过量。假如你不确定给宝宝服用了多少，或者有其他疑问，请咨询儿科医生，他可能会建议你等几天或一个星期以后再重新给宝宝吃。

吸奶指导

21. 可以把母乳吸出来喂宝宝吗？如果可以，应该何时开始？

　　如果你计划回到工作岗位上，或者想出去吃晚饭、看电影的时候不带着宝宝，是可以将母乳吸出来并储存起来，晚些时候再用奶瓶喂给宝宝的。

　　如果你已经建立了良好的母乳喂养习惯，并且可以放心地在计划表上添加一些其他事情（一般在宝宝2～3周大时，如果你急着返回工作岗位的话可以更早）的话，你就可以开始吸奶、储存母乳，并让宝宝学着用奶瓶吃奶了。吸奶的最佳时间是在早晨喂完宝宝之后，因为这时由于夜间激素分泌的原因你还会有多余的乳汁。可以在喂完奶后立刻吸奶，每侧10分钟。

＿＿ 年 ＿＿ 月 ＿＿ 日 · 记录宝宝的喂养、排便、身高体重、成长进步或你的心得。

如果引入奶瓶的时间太晚，可能就会面临宝宝不接受奶瓶的风险，这时你可能会接到惊慌失措的奶奶或保姆打来的电话，让你马上回家！隔几天用奶瓶喂一次宝宝是个好主意（哪怕是当你也在家的时候），这样他就会逐渐熟悉奶瓶。

吸奶器有手动和电动两种，不过如果你需要频繁吸奶，我还是建议你买一台电动吸奶器。

22. 如何储存吸出的乳汁？

吸出的乳汁可以装入用于储存的奶瓶中，也可以装入母乳储存袋中，然后根据需要放入冰箱的冷藏室或冷冻室中。加热从冰箱取出的母乳时，可以用热水隔着储奶瓶或储奶袋加热，也可以用温奶器，但不要使用微波炉！微波会破坏母乳中的抗体，而且它加热不均匀，可能会烫伤宝宝。如果要测试母乳温度，可以滴几滴到你的皮肤上（推荐的位置是手腕内侧，因为那里的皮肤薄且敏感）。如果你知道宝宝第 2 天要吃的母乳量，可以在前一天晚上将等量的冷冻母乳从冷冻室里取出来，放进冷藏室里解冻。需要注意的是，不可以将已经解冻的母乳重新冷冻，所以尽量按需解冻，只解冻宝宝需要的量。

那么，吸出的母乳可以保存多久呢？只要记住我说的"5 的时间法则"就可以。

□ 常温下最多保存 5 小时。注意：解冻的母乳不能在常温下保存。

□ 冷藏室内最多保存 5 天。这适用于刚吸出的母乳，之前冷冻过的母

30

乳只能在冷藏室里保存不超过 24 小时。

□ 在大多数冷冻室内可以保存 5 个月。如果你有一个独立冷柜（比如

创建一个哺乳空间

在家中选择一个舒服的地方，比如摇椅或沙发，将你舒适哺乳所需的所有物品放在手边：一个哺乳枕或靠枕、一杯水、一点儿零食（全麦碳水化合物外加蛋白质就不错）、手机、遥控器，以及其他为保证哺乳不被中断你想要的东西。

在办公场所吸奶

□ 和你的上级、人力资源部的同事或其他妈妈聊一聊，了解办公场所的吸奶设施、场所以及休息时间，这样你就可以提前计划。举例来说，是否有干净的冰箱可以储存吸出的母乳，或者你是否想自己带一个冷藏箱，是否有方便使用的电源插座，或者你需要一组电池。

□ 好消息是，美国相关法律规定[①]用人单位应当在每天的劳动时间内为哺乳期女职工安排适当的哺乳时间。工作场所应当设置单独的母婴室以便哺乳期女职工吸奶（母婴室不应是卫生间）。这些规定适用至宝宝出生后 1 年内。

□ 询问清楚公司的政策并提前安排好，这样可以帮你顺利实现回归工作的过渡。

---

① 我国也有相关法律规定，具体可参考《女职工劳动保护特别规定》。

✐ ___ 年 ___ 月 ___ 日·记录宝宝的喂养、排便、身高体重、成长进步或你的心得。

冻肉柜），那么保存的时间会更长，可以长达 6 ~ 12 个月。尽量将母乳放在冷冻室的最里面，因为那里温度最低。如果你的冰激凌和冰块冻得足够硬，那证明冷冻室的温度够低了。

常见担忧

23. 如何让宝宝在吃奶时保持清醒？

吃奶时睡着的现象非常普遍，尤其在宝宝刚出生的头几周内。哺乳可以很好地安抚宝宝，再加上宝宝依偎在你胸口上时感受到的温暖，这样的组合对任何人来说都是理想的催眠剂。另外，在头几周，由于乳汁的流速较慢，这也会让一些宝宝容易睡着（其实此时他们不一定吃饱了）。如果是后一种情况，你可以轻柔地按压乳房（用另一只手托住乳房，大拇指在上，其余手指在下），这或许可以帮助宝宝吮吸更多的乳汁，并且在他困倦且吮吸速度减慢时继续哺乳。宝宝在吃奶时保持足够长的清醒时间才可以摄入足够的热量来增加体重和生长发育，这一点很重要。理想情况是，宝宝一次就能吃饱，但是在头几周，每次哺乳都一次性吃饱基本不可能。可以尝试在哺乳前脱掉宝宝的衣服，让他只穿着纸尿裤，在他吃奶时，抚摸他的头、脖子或后背，如果需要的话，挠挠他的脚心，这样帮他保持清醒。换另一侧乳房哺乳时是给他拍嗝或换纸尿裤的好时机（更好的选择是让爸爸给他换，一定可以让他俩都保持清醒）。

32

___ 年 ___ 月 ___ 日·记录宝宝的喂养、排便、身高体重、成长进步或你的心得。

如何增加泌乳量？

☐ 多喝水（哺乳时在手边放一瓶水）。

☐ 通过均衡饮食增加热量摄入（比怀孕前每天多摄入 500 卡热量）。

☐ 有规律地哺乳。

☐ 吸奶（如果有时间的话，早晨喂奶后吸奶一次）。

☐ 保持充足的睡眠（或尽可能地多睡）。

✚ 如果宝宝困到你都不能叫醒他吃奶或者他已经连续少吃了 2 次奶，请带他去看儿科医生。

虽然没有充分的证据支持使用葫芦巴（fenugreek）胶囊、催奶茶(Mother's Milk tea)、大麦、燕麦、哺乳曲奇或其他全麦零食可以增加泌乳量，但是许多母亲觉得它们真的有用。我也曾期待下午吃点全麦曲奇可以增加泌乳量。

✚ 在服用任何药物或草药补充剂之前，请务必咨询儿科医生，以确保其安全性并且没有任何不良反应。

24. 哺乳时乳头疼痛怎么办？

我也曾有过类似的经历。乳头疼痛、皲裂的情况大多是由宝宝不正确的含乳方式以及有力或长时间的吮吸造成的，这也是有些妈妈放弃母乳喂

33

✐ ___ 年 ___ 月 ___ 日 · 记录宝宝的喂养、排便、身高体重、成长进步或你的心得。

养的原因。出现这种情况，你需要让宝宝学习正确的含乳方法，你也要用正确的姿势哺乳，还要保持乳头卫生。

　　如果你正遭受疼痛，这里有一些方法可以帮助你的乳头痊愈并防止疼痛再次发生。

　　□ 如果你认为宝宝含乳的方式不错，则很有可能是你的哺乳姿势有问题（关于正确的哺乳姿势和含乳技巧请参见第 36 ~ 38 页）。如果在调整了哺乳和含乳姿势后没有效果，请尽快咨询哺乳顾问等专业人士。

　　□ 使用羊毛脂或其他标明对你和宝宝都安全的乳头霜，使乳头保持湿润并愈合。

　　□ 每次哺乳后挤几滴乳汁涂抹在乳头上。

　　□ 涂抹乳头霜后，穿上纯棉胸罩和宽松的上衣（在可能的情况下甚至可以裸露乳房）。

　　□ 哺乳时使用乳头保护罩。

　　□ 哺乳后冷敷，哺乳前热敷。

　　□ 缩短哺乳时间，或每次只喂一侧乳房（让另一侧乳房有时间愈合）。

　　□ 每次哺乳时都改变姿势，避免频繁刺激乳头疼痛的区域。

✚　　如果上面这些方法在 24 ~ 48 小时内没有见效，或者疼痛加剧，或在随后的哺乳过程中出现灼痛（可能是酵母菌感染），或者宝宝吐出带血的乳汁（血液可能来自你皲裂的乳头），请咨询儿科医生或哺乳顾问。

___ 年 ___ 月 ___ 日·记录宝宝的喂养、排便、身高体重、成长进步或你的心得。

+ 如果发生以下情况，请去看妇产科医生。

　□ 持续的、加剧的或严重的乳房疼痛；

　□ 发热；

　□ 全身疼痛；

　□ 其他流感样症状；

　如果你有这些症状，可能是出现了乳房感染（乳腺炎），需要进行抗生素治疗。

25. 下奶后乳房肿胀、坚硬，宝宝无法含乳，怎么办？

　　正常的乳房充盈一般发生在分娩后 3 ~ 5 天内，是由泌乳量以及血液供应的迅速增加造成的。此时，如果你哺乳不够频繁或不能完全排空乳房的话，就会导致乳汁淤积。乳房的外表可能会发亮，触摸时感觉疼痛并且坚硬。治疗方法就是增加哺乳次数以排出更多的乳汁。但是，如果乳房太硬以至于宝宝无法正确含乳的话，这个方法就很难奏效了。其他可以减轻乳汁淤积的方法包括热敷、轻柔地按摩乳房，或在哺乳前使用一会儿吸奶器，这样可以使乳头周围变得柔软，帮助宝宝含乳并实现有效吮吸。如果宝宝还是无法吃奶，可以把奶吸出来喂他。增加哺乳次数（每隔 2 ~ 3 小时喂一次）是预防乳汁淤积的关键。

＿＿ 年 ＿＿ 月 ＿＿ 日·记录宝宝的喂养、排便、身高体重、成长进步或你的心得。

含乳的正确姿势

不正确的含乳姿势可能会引起乳头疼痛和出水泡，这会阻碍母乳喂养。以下是正确含乳姿势的分解指导，它来自我的分娩和哺乳指导师、认证分娩教师（CCE）和认证哺乳教师（CLE）波莉·甘农。

坐直身体，保持舒适，让后背有所支撑，用哺乳凳垫高脚部。在腿上放上普通的枕头或哺乳枕用来垫高宝宝并提供支撑。让宝宝的胸口对着你的胸口，使他面对你，他的耳朵、肩膀和髋部成一条直线。你的目标是把宝宝放在胸口上，而不是将乳头放进宝宝嘴里。用一只胳膊抱住宝宝，这只手支撑住他的脖子后部（这是交叉摇篮式抱法，具体描述请参见下一个问题的答案）。他的鼻子应当靠近你的乳头。让宝宝的头部向后仰，这样他就可以看到你的乳头了。用乳头拨弄宝宝的嘴唇，等待他张大嘴巴。当他嘴巴张大时，把他抱得更近一些，将乳头连同乳晕放入他的嘴中。可以轻轻下拉他的下嘴唇，形成一个对称的"鱼嘴"式含乳口型。在下一个问题的答案中描述的任何姿势都很不错，但是在初期，摇篮式抱法往往是最容易的。

当你把乳头从宝宝嘴里取出时，它看起来应当是圆的，不应有褶皱或凹痕。否则，说明宝宝的含乳姿势不够完美，你正向着出水泡的方向前进。有拉扯感是正常的，但疼痛是你需要寻求帮助的信号。

如果宝宝已经含乳，但是你感觉很不舒服，不应该忍耐，可以中断含乳重新尝试一次。中断含乳的最好方法是用勾起的小拇指轻轻拉动宝宝的嘴唇以释放吮吸压力。不要直接将宝宝的嘴从乳房上拉开，那会引起剧烈的疼痛。

___ 年 ___ 月 ___ 日·记录宝宝的喂养、排便、身高体重、成长进步或你的心得。

26. 什么样的哺乳姿势最舒服？

最开始的时候，你可能会由于太过专心支撑宝宝而忽略了自己是否舒适。虽然需要练习和耐心才能找到让你和宝宝都舒服的姿势，但是这些努力都是值得的！虽然没有标准的方法，不过在本书中我会讲一些常见的哺乳姿势。首先，舒服地坐好或是略微向后躺。在手边多放几个枕头用来支撑宝宝和你的手臂。把脚垫高可以防止你前倾、弯腰驼背以及让脖子或后背承受过多的压力。无论采用何种姿势，都应记住要将宝宝靠近你的乳房而不是让你的乳房靠近宝宝；另外，宝宝的耳朵、肩膀和髋部应呈一条直线。需要记住的是，你越舒服、越放松，你和宝宝就会越享受。

☐ **摇篮式抱法**：这是一种经典的哺乳姿势。之所以称为"摇篮式抱法"，是因为你像摇篮一样将宝宝的头部放在你的胳膊肘上。如果你想喂左侧，就让他的头部枕在你左边的胳膊肘上。让他面对着你，用你的左臂支撑她的后背。你可以将他下方的手臂放在你的手臂下面。刚开始的时候，这个姿势或许很难引导宝宝把嘴巴靠近你的乳头，但当他能够更好地控制头部以后就会变得容易起来。

☐ **交叉摇篮式抱法**：这个姿势使用的是摇篮式抱法中的对侧手臂。如果你想喂左侧，就用你的右臂来支撑宝宝，用右手托住他的头部，让他的身体躺在你的手臂上。这个姿势可以让你有更好的控制，引导宝宝的嘴巴靠近你的乳头。

☐ **橄榄球式抱法**：与抱橄榄球的姿势类似，你用哪一侧乳房哺乳，就

37

用同侧的手臂夹住宝宝，并将这侧手臂放在枕头上，用手支撑宝宝的头部，引导他的嘴巴靠近乳房。这个姿势对剖宫产的妈妈最合适，因为不会对腹部造成任何压力。

□ **侧卧式抱法**：这是在床上哺乳的理想姿势。你可以侧身躺着，把宝宝抱近你的乳房，用任意一侧手臂搂着他的头。你需要多用几个枕头支撑住你的头部和后背。为了找到合适的角度，你或许需要稍稍托高乳房使它和宝宝的嘴巴等高。

□ **半躺式抱法**：这是一种更为放松的哺乳姿势。半躺在一个支撑良好的平面上，让宝宝的整个身体都趴在你身上（他可以保持任何姿势，只要他的身体完全趴在你身上就可以）。一开始他的脸可能会靠在你的乳房上，然后你可以根据需要引导他找到乳头。在这个姿势下，重力可以让宝宝保持原位，对妈妈来说压力较小。

27. 宝宝经常吐奶，这正常吗?

所有宝宝都会偶尔吐奶，但是有些宝宝吐奶会频繁一些。有些妈妈认为这是自己吃的某些东西通过乳汁传递给了宝宝，导致他们过敏造成的。其实在许多情况下，吐奶并不是由过敏引起的，而是因为反流或宝宝吃奶太多太快造成的。本书第4章会对反流有更详细的讨论，简单来讲，反流就是宝宝吃进去的一部分乳汁（和胃酸一起）从胃部按原路返回来了。如果宝宝大口吞咽并大口喘气，你可以尝试让他暂停吃奶休息一下，并给他拍拍嗝（可以在手边放一条拍嗝布，用于接住万一吐出来的奶）。少量多

___ 年 ___ 月 ___ 日·记录宝宝的喂养、排便、身高体重、成长进步或你的心得。

宝宝放屁过多

某些让你胀气的食物也可以导致宝宝胀气，让他感觉不舒服，比如辛辣食物、西蓝花、菜花和豆类等。

次地哺乳（比如每次哺乳只喂一侧而不是两侧乳房），哺乳后让宝宝保持竖立姿势 10 ~ 15 分钟而不是立刻躺下，都会有所帮助。即使你尽了最大的努力，可能也无法完全避免吐奶，因为吐奶是新生儿阶段的常见现象。如果是这样的话，请多准备一些拍嗝布；另外，外出时要记得为宝宝（和你自己）带一套换洗衣物。

有些情况下，宝宝或许会对你吃的某种食物过敏。最常见的是牛奶和豆制品，不过鸡蛋、坚果、小麦、鱼类、甲壳类水产品（如虾）、柑橘和其他一些食物也有可能引起过敏。在限制饮食前请务必咨询一下医生，因为良好的营养对母乳喂养至关重要。

＋ 如果宝宝吐奶过多，颜色呈鲜绿色或含有血液，或是他看起来非常不舒服，剧烈哭闹，或是体重增长情况不佳，请带他去看儿科医生。另外，如果宝宝出现腹泻、大便带血或是呕吐，很可能是过敏造成的，遇到这种情况，也请带他去看儿科医生。

28. 我感冒了，可以继续哺乳吗？

当然可以。事实上，你的乳汁可以保护宝宝免于患上感冒。一旦被病

___ 年 ___ 月 ___ 日·记录宝宝的喂养、排便、身高体重、成长进步或你的心得。

毒感染，你的身体就会立刻开始产生抗体。这些具有保护作用的抗体会通过乳汁传递给宝宝。很可能在你开始感觉生病之前宝宝就已经暴露在你的病毒之下了，所以如果你生病后停止哺乳，他患感冒的可能性将会更大。接触宝宝前先洗手是个好主意，另外要尽量避免冲着他咳嗽或打喷嚏。

✚　如果你病情严重、需要服药或进行其他治疗，医生可能会建议你暂停哺乳。此时可以咨询医生，或许有办法可以让宝宝继续吃你的母乳。

29. 哺乳期内可以喝葡萄酒、咖啡或服用非处方药吗？

进去什么，出来什么！你饮食的一大部分都会进入你的乳汁并对宝宝产生潜在影响。

当然，偶尔摄入微量的酒精是没有问题的（美国儿科学会也这么说）。如果你想喝一杯葡萄酒，那么最好安排在刚刚结束哺乳或吸奶时，并且要离下次哺乳或吸奶至少 2 小时，这样你的身体就有足够的时间把酒精代谢掉，把对宝宝的影响降到最低。你也不需要彻底戒掉咖啡。但是值得指出的是，虽然咖啡可以帮你提神，它也可能会让宝宝烦躁不安、不能入睡。无论你偏爱咖啡、茶、含咖啡因的碳酸饮料或者巧克力，最好限制摄入量。虽然有些专家说每天喝 3 杯以内的咖啡是没有问题的，但是最好只摄入你需要的最低量。

关于药物或草药补充剂，在服用前请咨询医生。另外，请确保医生给

40

你开处方前知道你正处于哺乳期。幸运的是，大多数非处方止疼药，比如对乙酰氨基酚和一些感冒药（适量服用的情况下），在哺乳期内服用都是安全的。值得注意的是，任何减少分泌物或缓解鼻塞的药物（比如减充血剂和抗组胺药）都会对你的乳汁造成影响，尤其在经常使用的情况下。

41

___ 年 ___ 月 ___ 日 · 记录宝宝的喂养、排便、身高体重、成长进步或你的心得。

第 3 章

配方奶喂养

母乳喂养有许多好处，但是有些妈妈因为身体原因或工作原因，无法进行母乳喂养，她们可以进行配方奶喂养，也可以在母乳喂养的同时配合使用配方奶喂养。配方奶可以提供宝宝生长发育所需的所有营养成分。许多美国名校的学生以及成功的风险投资家都是喝配方奶长大的，但他们并不落后于吃母乳长大的同伴们。如果你在选择喂养方式上有更多疑问并且想学习更多的相关知识，请咨询医生或哺乳顾问。

比起是否选择配方奶喂养，更难的是选择哪一种配方奶以及如何用它喂宝宝。你或许会被各种配方奶广告狂轰滥炸：有的配方奶厂家说他们的配方奶富含 DHA（二十二碳六烯酸）和 ARA（花生四烯酸），可以促进婴儿大脑发育；有的厂家则说他们的配方奶含有铁元素，可以预防缺铁性贫血；还有一些配方奶标注为有机奶，或者含有益生菌。在本章中，我会尝试将市面上现有的婴儿配方奶给大家讲明白。

配方奶的事实

30. 如何选择配方奶？

你是否希望有一个简单的公式可以计算出哪种配方奶更适合你的宝宝？不幸的是，事情并没有那么简单。好消息是，主流品牌的配方奶应该都不错，大多数宝宝第一次喝都反应良好。如果你咨询儿科医生，他也许可以根据宝宝的情况为你挑选一款合适的配方奶。

以下是关于婴儿配方奶的最新信息。

主要类型

□ **以牛奶为主要原料的配方奶**：这种配方奶推荐给没有母乳喂养的婴儿使用。这种配方奶是广告宣传最多的一种配方奶。不同厂家的产品在功能方面可能存在差异，有的可以缓解反流，有的可以避免胀气，还有的可以缓解宝宝消化系统方面的其他问题。由于厂家必须严格遵守美国食品药

＿＿ 年 ＿＿ 月 ＿＿ 日·记录宝宝的喂养、排便、身高体重、成长进步或你的心得。

品监督管理局的相关规定，所以这些产品在成分方面差异并不大。大多数喝以牛奶为主要原料的配方奶的婴儿生长发育得都很好。

☐ **以大豆为主要原料的配方奶**：这种配方奶用大豆蛋白代替了传统配方奶中的牛奶蛋白，所以它不含乳糖。对于素食家庭和对牛奶蛋白过敏或不耐受的宝宝来说，大豆配方奶是不错的选择。但是，一些对牛奶蛋白过敏的宝宝也对大豆蛋白过敏，所以我们建议你在咨询儿科医生后再决定是否更换配方奶。尽管没有令人信服的证据表明大豆配方奶会阻止过敏的发展，不过家长们也无须担心大豆配方奶与性早熟或其他情况有关联。

☐ **水解蛋白配方奶**：这种配方奶常被称作"低敏配方奶"，它是专为对标准牛奶蛋白或大豆蛋白配方奶过敏的宝宝设计的。水解蛋白配方奶将以上两种配方奶中的蛋白质分解成了小分子蛋白的形式，所以宝宝的肠胃会更容易接受一些。不幸的是，虽然水解蛋白配方奶更容易消化吸收，但价格往往较高。建议你在宝宝对其他配方奶过敏时，出于医学上的需要，或在儿科医生、过敏症专科医生或消化科医生建议时才使用这种配方奶。

添加成分及其他

☐ **铁元素**：铁元素对预防贫血和维护大脑发育至关重要。与现今流行的观点相反的是，配方奶中的铁元素并不会导致宝宝便秘。更重要的是，如果配方奶中的铁元素含量过低，则会对宝宝的生长发育造成影响（尤其是大脑的发育）。除非医生另有建议，否则应永远只购买铁强化配方奶！喝铁强化配方奶的宝宝一般不需要额外补铁。

＿＿ 年 ＿＿ 月 ＿＿ 日·记录宝宝的喂养、排便、身高体重、成长进步或你的心得。

□ **DHA 和 ARA**：这是在母乳中天然存在的两种脂肪酸，被认为对脑部和眼睛的发育很重要。二者也天然存在于鱼油和鸡蛋中。现在大部分配方奶中都添加了 DHA 和 ARA。

□ **益生菌**：与酸奶类似，益生菌也被添加进一些婴儿配方奶中。产品标签上最常见到的菌株名称是"双歧杆菌"和"乳酸菌"。有些研究表明，使用益生菌或许对预防或治疗某些类型的感染或与使用抗生素相关的腹泻有好处。

□ **有机配方奶**：有机配方奶是比较新的品种。它们经过认证，不含杀虫剂、抗生素和生长激素。目前还不能确定有机加工食品，如有机配方奶，是否有医学方面的益处，这一点只有时间和科学研究才能给出答案。不过，如果你认为有机配方奶能让你更放心，让宝宝试试也未尝不可，只要确保你购买的是知名品牌的产品即可（它含有宝宝生长发育所需的所有元素，并且满足美国食品药品监督管理局设定的标准）。

产品形式

□ **奶粉型**：配方奶粉最常见，也最经济，而且便于携带，用起来也不麻烦（根据奶粉包装上的说明，1 勺奶粉配相应量的水，轻轻摇匀或搅拌后即可喂给宝宝）。

□ **液体即食型**：顾名思义，这种配方奶宝宝可以直接饮用。如果你在外出时不能或不想携带用来冲调配方奶粉的水，液体即食型配方奶是不错的选择。不过，这种奶要比奶粉贵得多。

46

_____ 年 _____ 月 _____ 日·记录宝宝的喂养、排便、身高体重、成长进步或你的心得。

□ **浓缩液型**：这种配方奶方便冲调，只需将等量的配方奶和水混合，摇匀后就可喂给宝宝。这种配方奶比奶粉要稍贵一点。

31. 冲好的配方奶能放多久？

大多数婴儿配方奶冲调好后可以在冰箱里保存 24 小时。如果是常温下，建议在 1 小时内喝完，没喝完的配方奶应倒掉。

旅途中如何喂奶？

提前量取好配方奶粉，将其储存在干燥的奶瓶中，将奶瓶放进妈咪包里。到宝宝吃奶的时间时，只需往奶瓶中加入适量的瓶装水（常温的水就可以），摇匀后即可喂给宝宝。

---

32. 应该买什么类型的奶瓶？

奶瓶有不同的形状和大小，制作材料也有差异。玻璃奶瓶不含双酚 A。双酚 A 是一种可用于制造容器的化学物质，但用双酚 A 制造的容器随着使用时间的推移其中的成分会渗入食品或饮料中。有些科学研究表明，双酚 A 会影响宝宝的健康，因此，建议你在购买奶瓶时选择不含双酚 A 的。不过，玻璃奶瓶也有缺点，那就是容易破裂或出现缺口，所以需要经常检查。现在大多数的新型塑料奶瓶都不含双酚 A，这在标签上会注明。市面上还有不锈钢的奶瓶，这种奶瓶非常结实，但很重，并且没法看到里面的

___ 年 ___ 月 ___ 日 · 记录宝宝的喂养、排便、身高体重、成长进步或你的心得。

奶量。随着宝宝不断长大，他的胃口也会逐渐变大，所以，为了节省开支，你最好买一个大一些的奶瓶（120毫升以上的）。现在还有一种内置导气系统的奶瓶，用这种奶瓶喂奶可以让宝宝少吞下去一些空气，有助于预防胀气，如果宝宝喝奶后容易吐奶、胀气，你可以考虑买一个。

33. 如何选择奶嘴？奶嘴需要多久换一次？

奶嘴生产厂家通常用数字或"阶段"来表示奶嘴孔的大小。奶嘴孔的大小会影响奶的流出速度。不同的宝宝可能需要用流速不同的奶嘴。如果选择不当，可能会引起一些问题。比如，小宝宝使用快流速的奶嘴可能会呛到，或者会吃得太多；而慢流速的奶嘴则会让一些宝宝感到受挫，因为无论他们怎么用力都无法吃到足够的奶，还可能让他们吞下过多的空气。

奶嘴的形状也各不相同，有符合宝宝嘴巴内部结构的奶嘴（正畸奶嘴），有模仿妈妈乳头形状的奶嘴，还有适合早产儿使用的奶嘴。在找到最适合宝宝的奶嘴前，你可能要尝试不同类型或品牌的奶嘴。

建议从"1阶"或"1段"奶嘴开始用起，这种奶嘴流速较慢，比较适合足月的新生儿。当宝宝长大一些，可以使用下一个尺寸的奶嘴时，或者奶嘴开裂、变色或变薄时，就需要更换奶嘴了。

34. 需要用烧开过的水冲调配方奶吗？

这取决于你所在地区的水质情况。在美国的大部分地区，普通自来水就可以用来冲奶。但是在某些地方，自来水是来自井水的，建议先将这种

___ 年 ___ 月 ___ 日 · 记录宝宝的喂养、排便、身高体重、成长进步或你的心得。

自来水烧开 1 分钟来消消毒。当然，你也可以购买瓶装水来冲奶。

另外，你应当了解清楚所处地区的水中是否含有氟化物。关于宝宝对氟化物的需求，请咨询一下儿科医生或儿童口腔医生。虽然适量的氟化物对宝宝将要萌出的牙齿很重要，但是如果氟化物过量则会引发一些问题，尤其对不满 6 个月大的宝宝来说。

35. 宝宝需要喝热奶吗?

给宝宝喝常温的配方奶是没有问题的，而且这对你来说也很省事。虽然不需要，但是如果你想加热（或你的母亲坚持让你这样做）的话，也没有关系。你可以使用温奶器，也可以把奶瓶放在流动的热水下加热。不要使用微波炉加热，因为这样会导致受热不均，可能会烫伤宝宝。经过加热的奶在喂给宝宝前要摇匀，而且要测试一下温度是否合适（可以挤几滴在你手腕内侧的皮肤上）。当宝宝长大一些后，你可以试着逐渐过渡到使用

是否需要给 1 岁以后的宝宝喝配方奶?

现在各大配方奶厂家都推出了适合 1 岁以后的宝宝喝的配方奶，与普通的全脂牛奶相比，这种配方奶额外添加了维生素和其他营养物质。但它们真的是必需的吗? 报告显示，在许多情况下它们并不是。如果宝宝饮食均衡，生长发育良好，在他 1 岁以后，普通牛奶就可以满足他的需求。另外，普通牛奶要比大多数的幼儿配方奶便宜。特殊情况下，比如儿科医生对宝宝的生长发育和饮食情况有所担心，那他会建议你让宝宝喝配方奶的时间长一些。

___ 年 ___ 月 ___ 日·记录宝宝的喂养、排便、身高体重、成长进步或你的心得。

常温水来冲奶。请记住：如果你让宝宝习惯于喝热奶，那么出门在外没有条件热奶的时候就会很麻烦。连早产儿都可以喝冷藏配方奶，这一点你大可放心，是否让宝宝习惯于喝热奶完全取决于你。

意料之外的困扰

36. 宝宝经常烦躁不安、胀气并且吐奶，需要更换配方奶吗？

有些宝宝会经常烦躁不安、胀气和吐奶，虽然这很少会发生危险，但挺让人担心。如果你认为这是配方奶的原因造成的，在准备更换配方奶前，我建议你先试试以下技巧。

□ 抱着宝宝走一走，或者坐在摇椅上轻轻摇动。

□ 在喂奶过程中增加给宝宝拍嗝的次数。

□ 让宝宝趴在你的大腿上，抚摸他的后背。

□ 每次喂奶后，让宝宝保持竖立 15 ~ 20 分钟。

需要注意的是：某些情况下，吃奶后哭闹、吐奶、胀气可能暗示着宝宝对某种类型的配方奶不耐受。在下一个问题中，我列举了一些宝宝对配方奶过敏的表现，希望你能留意观察，及时发现宝宝的过敏征兆。需要说明的是，虽然有些宝宝表现出对某一类型或品牌配方奶的偏爱，但是大多数宝宝对第一次喝到的配方奶都反应良好。对为了找到一款神奇的配方奶而不断更换奶粉品牌和类型的家长来说，当他们找到时，那些促使他们更

___ 年 ___ 月 ___ 日·记录宝宝的喂养、排便、身高体重、成长进步或你的心得。

换配方奶的问题可能已经随着宝宝的长大而自动消失了。

+ 虽然更换配方奶没有什么风险，而且如果有试用装或优惠券时你可能会难以抗拒，但是最好还是在更换前咨询一下儿科医生。

37. 如何判断宝宝是否对以牛奶为主要原料的配方奶过敏？

对配方奶中的牛奶蛋白过敏的迹象一般情况下很容易被察觉。你可能会发现宝宝的皮肤上有荨麻疹（一片红色皮疹）、湿疹，或者宝宝面部肿胀、呕吐、呼吸困难。另一种类型的配方奶过敏的表现可能是血性腹泻以及体重增长情况不良。但是有些宝宝的症状可能很轻，只表现为吐奶、烦躁不安以及大便性状的改变。如果你担心宝宝可能对配方奶过敏的话，一定要带他去看儿科医生。

如何预防奶瓶龋？

请不要让宝宝喝着奶（或果汁）睡觉。喝着奶（或果汁）睡觉会导致蛀牙，因为奶（或果汁）会存积在牙齿周围，有利于细菌滋生。这样做不但对乳牙不好，还会影响将来的恒牙发育。另外，喝着奶（或果汁）睡觉还会增加宝宝患中耳炎的概率。使用奶瓶支架同样不好，因为奶会持续流出，在宝宝睡着的情况下有可能导致宝宝被呛到。不要养成坏的喂养习惯，这通常会造成不良的睡眠习惯，这二者都是很难改掉的。

___ 年 ___ 月 ___ 日 · 记录宝宝的喂养、排便、身高体重、成长进步或你的心得。

✚ 　　如果宝宝出现呼吸困难、面部肿胀、呕吐或荨麻疹，请立刻带他去看儿科医生。医生可能会建议你给宝宝喝以大豆为主要原料的配方奶或低敏配方奶。

52

✎ ___ 年 ___ 月 ___ 日·记录宝宝的喂养、排便、身高体重、成长进步或你的心得。

第 **4** 章

更多喂养问题
（含辅食添加）

　　如果我没有利用这个机会来强调营养均衡的重要性，我就不是一个称职的儿科医生和妈妈。在健康饮食方面，父母就是孩子的榜样。孩子看到父母吃什么就会跟着吃什么。如果你对某种食物很感兴趣，他也会感兴趣。当我的儿子还很小的时候，我就是用这个方法让他每天晚餐都吃西蓝花的。我不能说这很简单。在他第一次吃过烤奶酪三明治后就变得不能自拔，除此之外什么都不想吃。为此，我家里所有的面包和奶酪都"神秘"地失踪了 1 周，直到他忘了烤奶酪三明治！如果健康的食物是孩子的唯一选择，多数大一些的婴儿和幼儿就会选择它们，并学会喜欢它们。来我诊所的幼儿，我几乎都让他们的早餐变成了高纤米粉、葡萄干和牛奶，再加一杯水。

新生儿期的更多喂养问题

38. 应该给宝宝喝水吗？

除非儿科医生另有建议，否则没有必要给新生儿喝水（包括糖水、电解质溶液和果汁），因为喝水可能会影响宝宝对奶的需求，使他无法在生命初期获得足够的营养。新生儿只需要喝母乳或配方奶就可以了。

当宝宝大约6个月大时就可以添加辅食了。刚开始，你可以在他吃辅食的时候给他喝点水。让宝宝习惯水（而不是甜味饮料）的味道，有助于让他养成终身的健康习惯。

39. 如何判断宝宝的吃奶量是否足够？

除了关注宝宝吃了多少和吃了几次外，追踪记录他的体重以及排泄量也会对判断吃奶量是否足够有所帮助。在刚出生的2周内，母乳喂养的宝宝每天应吃8～12次奶，每侧乳房吃15～20分钟；配方奶喂养的宝宝应每3～4小时吃30～60毫升奶。新生儿在出生后第1周内减少的体重最多可达他们出生时体重的10%，但是在第2周结束前，他们一般会恢复出生时的体重。在这之后，宝宝一般每天增重30克左右，多数宝宝在5～6

___ 年 ___ 月 ___ 日 · 记录宝宝的喂养、排便、身高体重、成长进步或你的心得。

个月大时体重会翻倍，接近 1 岁时将达到其出生体重的 3 倍左右。如果宝宝减重过多或体重增长不达标，儿科医生或许会增加你带宝宝去医院的次数，以便更密切地监测宝宝的生长情况。

在宝宝出生后的第 1 周内，确定他的吃奶量是否足够的好办法是追踪记录他的排泄情况。在随后的几周里，宝宝每天应尿湿至少 5 块尿布或大便 3 次。请记住，很多时候尿布上既有尿液又有大便。

下表列举了宝宝出生最初几天内正常的"尿布产出量"。

宝宝出生后前 4 天的"尿布产出量"

天数	湿尿布（判断尿液量）	脏尿布（判断大便量）
第 1 天	1 块或更多	1 块或更多
第 2 天	3 块或更多	2 块或更多
第 3 天	4 块或更多	3 块或更多
第 4 天	5 块或更多	3 块或更多

＋ 如果宝宝尿湿和拉脏的尿布数量比表格中的少，或是他一贯的排泄规律发生改变，请带他去看儿科医生。湿（脏）尿布数量的显著减少可能代表宝宝生病了或者摄入的奶量不足。

给宝宝拍嗝

多数宝宝在出生后的最初几个月里需要通过拍嗝来排出吞入胃内的空气。有些宝宝在吃奶的过程中拍嗝会感觉更舒服，有些宝宝则要等到吃完奶以后再拍嗝，还有一些宝宝在吃奶前拍嗝会更有效。当然，你不一定总能拍出嗝。

____ 年 ____ 月 ____ 日·记录宝宝的喂养、排便、身高体重、成长进步或你的心得。

给宝宝拍嗝（续）

如果你已经拍了 5 分钟，宝宝看起来很舒服，就可以停止了。

以下几种拍嗝技巧可供你参考。

☐ 让宝宝趴在你的肩膀上，轻轻拍打或抚摸他的后背。

☐ 让宝宝趴在你的大腿上，用一只手扶住他，另一只手轻轻拍打或抚摸他的后背。

☐ 让宝宝坐在你的大腿上，让他的身体略微前倾靠在你的一只手上（确保用手支撑住他的胸口和头部），然后轻拍他的后背。

吐奶是难免的

有些宝宝会经常吐奶。大多数时候，吐出的奶看起来跟他们吃下去的一样，这种类型的吐奶通常发生在吃完奶后不久。有时候宝宝吐出的奶是凝固的，看起来像过期的牛奶，闻起来像呕吐物，这种类型的吐奶通常发生在吃完奶后 1 ~ 2 小时。吐奶一般是因为一次吃得太多或反流（参见第 40 个问题）造成的。正常情况下，吐奶不应该是喷射性的（虽然当宝宝趴在你的肩膀上时，他吐出的奶会喷过你的肩膀）。如果你的宝宝爱吐奶，一定要多买一些拍嗝巾放在家里各处。

正常情况下，吐奶不会让宝宝非常难受；相反，宝宝吐奶后会感觉舒服一些。当他长大一些后，吐奶的次数会减少，一般宝宝在 6 ~ 12 个月大时就会停止吐奶。

___ 年 ___ 月 ___ 日 · 记录宝宝的喂养、排便、身高体重、成长进步或你的心得。

如果吐奶呈喷射状（有时甚至会喷射到房间的另一头），而且宝宝看起来很痛苦，或者你发现宝宝吐出的奶中有血或呈绿色，吐奶频率增加、强度增大，请带他去看医生。如果宝宝腹部膨胀或者摸上去发硬，也要带他去看医生。另外，如果你注意到宝宝的体重没有增长，或者湿尿布和脏尿布在减少，也请带他去看医生。如果你认为宝宝的吐奶不正常，请记录下他一周内的吐奶情况，然后拿给医生看，你可以记下宝宝吐出的奶是什么样子的、是什么时候吐的（一天中的什么时间，喂奶中还是喂奶后），以及估算的吐奶量（喂奶总量、总量的一半或是只有几滴）。

40. 什么是反流？

对小婴儿来说，反流是吐奶的另一种说法。反流是指胃内容物沿"错误的路线"从胃部出来。反流现象在小婴儿中很常见，因为小婴儿的食管比较短，而且食管与胃交界处的肌肉（括约肌）比较松弛，这会让胃里的食物容易返上来，从嘴里吐出，于是就发生了吐奶。

只要宝宝是个"快乐的吐奶者"，吃奶、生长和发育都很好，一般情况下不需要治疗。随着宝宝逐渐长大，他的食管会变长，括约肌会自然收紧，反流现象会自然停止（一般 6 ~ 12 个月大时）。让宝宝少食多餐，在吃奶后保持竖立 10 ~ 15 分钟，对预防反流会有所帮助。

反流现象在宝宝 2 ~ 3 个月大时会到达顶峰，所以吐奶量在减少前或许会先变得更多。

57

_____ 年 _____ 月 _____ 日 · 记录宝宝的喂养、排便、身高体重、成长进步或你的心得。

如果宝宝频繁吐奶或是出现下列症状中的任何一条，请带他去看儿科医生，因为他可能患上了胃食管反流病。如果是这种情况，他或许需要接受相关检查和治疗。

婴幼儿胃食管反流病的症状包括：

☐ 吃奶不好或体重增长不达标。

☐ 出现呼吸系统症状，如咳嗽、呛噎或喘鸣。

☐ 看起来不舒服，哭闹，或在吃奶后弓起背部（不一定总会吐奶）。

☐ 吐奶呈喷射状（有时甚至会喷射到房间的另一头）。

☐ 吐出物呈绿色（这还可能代表另一个需要立即引起注意的问题，请立刻带宝宝去医院！）

如果宝宝存在胃食管反流病，儿科医生可能会建议你增加配方奶或母乳的稠度（使用更浓稠的配方奶或在配方奶中添加少量的大米米粉，喂母乳的妈妈要改善饮食），医生还可能给宝宝开一些药物。

辅食添加的相关问题

41. 宝宝何时才可以吃辅食？

美国儿科学会以及多数儿科医生都建议，宝宝在大约6个月大时就可以开始吃辅食了，当然，这要视宝宝的具体准备情况而定。

＿＿ 年 ＿＿ 月 ＿＿ 日·记录宝宝的喂养、排便、身高体重、成长进步或你的心得。

那么，如何才能知道宝宝已经准备好了呢？

首先，宝宝要能很好地控制头部。大多数宝宝在 4 ~ 6 个月大时就会展现出这个能力。其次，他要能用舌头把食物从嘴巴前部移动到后部。这种能力也会在 4 ~ 6 个月大的时候显现。如果你将少量的糊状食物（比如牛油果泥、胡萝卜泥或豌豆泥）放在他的舌头上，他却将食物推了出来（由于挺舌反射），这可能代表他的消化系统还不够成熟，还没准备好接受辅食。但是，如果他每天的喝奶量超过 1065 毫升，那就可以给他吃一点辅食了。在宝宝 4 ~ 6 个月大时，如果他躲开乳房或奶瓶，四处张望；或者在你吃饭的时候紧紧盯着你，把手放在自己的嘴巴周围或嘴巴里面，这也代表他可能已经为吃辅食做好了准备。

用全谷物米粉取代大米米粉

很多年前，宝宝的第一口辅食往往是大米米粉。但是时代不同了，现在我们知道大米米粉其实并没有多少营养。如果你选择给宝宝吃米粉（或把它和蔬菜或果仁酱混合在一起），我倾向于选择全谷物米粉，比如燕麦粉、藜麦粉或糙米粉。米粉里通常会添加铁和锌，所以如果宝宝在 6 ~ 8 个月大时还没有吃鸡肉或其他肉类，那么在辅食里添加全谷物米粉是个好主意，这样可以确保他能获得生长发育所需的足量的铁和锌。同所有食物一样，如果你给宝宝一开始就吃全谷物米粉、全麦面包或全麦意大利面，那他长大后也会吃这些。全谷物食物相对于精粉食物来说含有更多的膳食纤维和营养素，是一种更健康的饮食。

___ 年 ___ 月 ___ 日·记录宝宝的喂养、排便、身高体重、成长进步或你的心得。

　　只要宝宝超过 4 个月大并且符合以上大部分标准，你就可以尝试给他添加辅食了。如果他将食物吐出，那就等几天或几周再试试。

　　记得在宝宝 4 个月体检或 6 个月体检时和儿科医生聊一聊，听听他对于添加辅食的建议。

42. 如何引入辅食？应该从哪种食物开始？

　　现在我们已经不再为辅食的引入顺序提供严格的指南了。引入辅食的目标是，用宝宝可以接受（并且不会让他噎住）的形式为他提供种类丰富的天然健康食物。你可以试试菜泥、果泥、鸡肉泥、酸奶、鸡蛋泥、婴儿全谷物米粉或鱼肉泥。你可以将食物蒸熟、烤熟或煮熟，用叉子弄碎，然后用勺子碾成泥，如果有需要的话，可以加入少量母乳或水来降低稠度。最开始的时候，每天只给宝宝吃一种食物，一天只吃一次，食物稠度与汤类似。随着时间的推移，你可以慢慢将食物弄得稠一些，给宝宝吃辅食的次数可以增加到每天 2 次，然后是每天 3 次。

　　除了自己准备食物，你还可以在商店（包括网上商城）购买。成品辅食种类多样，只要保证不添加糖、防腐剂或读起来晦涩难懂的添加剂就可以。

　　带宝宝在外面就餐时，配菜建议点香蕉或牛油果等食物，你可以轻松地用餐具把它们碾成泥给宝宝吃。当宝宝长大一些后，辅食中可以含有更多的块状食物。当宝宝 8 ～ 12 个月大时，他就可以自己抓起小块的松软食物吃了。你的目标是，逐渐培养宝宝规律的、健康的饮食习惯，使宝宝

___ 年 ___ 月 ___ 日·记录宝宝的喂养、排便、身高体重、成长进步或你的心得。

到了再大一些时，每日三餐可以与其他家庭成员一起坐在桌旁吃。

43. 如何判断宝宝是否对某种食物过敏？

有食物过敏家族史或其他过敏家族史的宝宝会容易发生食物过敏。当宝宝的饮食中添加了一种新食物时，要注意观察任何潜在的食物过敏信号，如果发现异常请带宝宝就医。

食物过敏的症状可以很轻微，比如只表现为一片干燥起皮的皮疹（湿疹）或一片斑丘疹（荨麻疹），也可以很严重，比如全身荨麻疹、面部肿胀、呼吸困难、呕吐、腹泻甚至过敏性休克（一种致命的过敏反应）。

＋ 如果你发现宝宝有上述任何一种严重过敏症状，请立刻带他去医院。如果宝宝呼吸困难，要立即拨打急救电话。

44. 需要推迟引入具有过敏风险的食物吗？尽早引入这些食物可以降低宝宝过敏发生的概率吗？

只要宝宝没有出现食物过敏的症状（详见上一个问题的答案），从大约6个月大时，你就可以用宝宝能够接受的稠度、软硬度和数量（少量）给他吃任何食物了（蜂蜜除外），其中也包括所谓的"八大过敏食物"，具体如下。

□ 牛奶（针对1岁以上，1岁以下的宝宝可以吃健康的酸奶和奶酪）；

□ 鸡蛋（蛋白和蛋黄都可以吃）；

___ 年 ___ 月 ___ 日·记录宝宝的喂养、排便、身高体重、成长进步或你的心得。

☐ 花生；

☐ 坚果（如杏仁）；

☐ 黄豆；

☐ 小麦；

☐ 鱼类；

☐ 甲壳类水产品（如虾）。

喂宝宝吃以上食物时，最好在引入不同的食物之间隔上几天，这样即使他出现了过敏症状，你也容易知道究竟是哪种食物引起的。

以下是给不同年龄段的宝宝吃这些食物的具体建议。

6个月大的宝宝

☐ 在冲调好的30毫升的婴儿米粉里加入1茶匙花生酱或花生粉，再加入一些母乳或水，使其不至于太黏稠。

☐ 在搅成糊或用勺子碾成泥的全熟水煮蛋中加入少量母乳或水。

☐ 原味全脂酸奶。

☐ 搅成泥的野生三文鱼。

8～9个月大的宝宝

☐ 作为宝宝的第一种手指食物，切成小块的炒鸡蛋是绝佳的选择。

☐ 小片的全麦圆圈米粉或全麦面包。

☐ 均匀涂抹上杏仁酱并切成小块的全麦面包。

☐ 煮得很软的毛豆（去皮）。

62

1 岁的宝宝

☐ 全脂或低脂（乳脂含量＜2%）牛奶。

推迟给宝宝吃有过敏风险的食物并不会降低过敏发生的概率。目前科学家们正在研究早期引入这些食物是否可以预防食物过敏的发生。迄今为止最有名的研究成果来自 LEAP 研究，研究结果表明，早期引入花生制品可以降低宝宝将来对花生过敏的概率。在研究中，科学家每周给宝宝吃 3 次花生蛋白，每次 2 克（约 2 茶匙花生酱的量）。虽然这些花生酱对一个小宝宝来说很多，但刚开始的时候你可以不放那么多，而且不必给宝宝直接吃花生酱。我喜欢将 1 茶匙花生酱溶解在冲调好的 30 毫升婴儿燕麦米粉里，再加入少量母乳或水来降低稠度。你也可以把花生粉加入米粉或其他婴儿食品中喂给宝宝。另一种给宝宝吃花生蛋白的方法是做成花生角，花生角非常美味，而且做起来很简单。这种方法我也尝试过，当我的儿子能够抓起小块的手指食物时，他就立刻爱上了吃花生角。而且，这种食物

维生素 D

美国儿科学会推荐所有儿童每天都要摄入 400 国际单位的维生素 D。除非你的宝宝每天可以喝下 960 毫升维生素 D 强化配方奶（这个奶量太大了！），否则你应该考虑给宝宝添加维生素 D 补充剂。请记得把维生素 D 补充剂放在孩子够不到的地方，因为有的维生素 D 补充剂看起来和吃起来都像糖果，对宝宝来说很有诱惑力，但是如果没有按指导服用就可能发生危险。

✏ ___ 年 ___ 月 ___ 日·记录宝宝的喂养、排便、身高体重、成长进步或你的心得。

比其他成品的婴儿点心、磨牙饼干或其他零食更有营养。

45. 需要避免给宝宝食用某些特定的食物吗？

关于宝宝避免食用的食物，我只有两条建议。

一是永远不要给1岁以内的宝宝食用蜂蜜。因为这会有导致他患婴儿肉毒中毒综合征的风险，那是一种可以致命的疾病。婴儿与大一些的孩子或成人不同，他们没有对抗肉毒杆菌毒素的能力，而这种毒素有时会出现在蜂蜜中。

二是不要给宝宝吃有呛噎风险的食物。整颗的坚果、葡萄、爆米花、热狗和生的胡萝卜对宝宝来说具有极高的呛噎风险，所以不要给婴儿和幼儿吃这些食物（或其他小而硬的食物）。

46. 幼儿挑食怎么办？

宝宝在1～5岁期间一般会经历一次体重增长减慢的过程。他们不会像1岁以前那样长得那么快。宝宝在1岁到1岁半时食量会变少，这很正常。他们通常会表现出挑食或胃口不佳，许多孩子会拒绝尝试新食物，或完全抛弃之前喜欢的食物，还有的宝宝只吃一种食物（我的母亲说我在3岁前只吃含有葡萄干的食物！）。不过，幼儿挑食一般不会引起健康问题或导致营养缺乏。

不要强迫宝宝吃东西！如果那样做的话，吃饭将会变成一场"灾难"，无论是对宝宝来说还是对你来说。有时候挑食是宝宝渴望掌控力的表现，

____ 年 ___ 月 ___ 日·记录宝宝的喂养、排便、身高体重、成长进步或你的心得。

所以，你可以为他提供两种饭菜或两种零食，让他自己决定吃什么和吃多少。

宝宝的喜好每个月甚至每天都可能发生变化。许多宝宝只吃他们喜欢的颜色的食物，但生长发育得也不错。因此，发挥你的创造力吧，几乎每种颜色的食物都有一些健康的选择，尽力做出宝宝爱吃的食物来。

幼儿的一份食物大概是成年人的1/3。对任意年龄段的人来说，一份食物的量一般和他的手掌心差不多大；主食的量大概和他握紧的拳头一般大。对宝宝而言，他们在一天内通常一顿饭吃得很好，一顿吃得一般，还有一顿吃得很少，所以三餐的量平均起来和正常的量是差不多的。为宝宝提供健康的食物，然后让他决定吃多少，这样可以避免由食物引起的不必要的斗争。

多次尝试

研究表明，大概需要尝试12次才会让宝宝喜欢上一种新食物。当你一次次把绿色蔬菜放进宝宝的托盘中，表现出你特别爱吃的样子，嘴里还发出"啧啧啧"的声音时，请记住前面这句话！总有一天，他会开始吃这些蔬菜，并可能慢慢喜欢上它们。努力为餐桌旁的所有家庭成员提供相同的饭菜，这不但会让宝宝有融入感，还会让他看到所有人都在吃蔬菜。一定不要放弃！早期养成好习惯很重要。研究表明，小时候吃的水果和蔬菜越多，长大后也很可能吃更多的水果和蔬菜。

__ 年 __ 月 __ 日·记录宝宝的喂养、排便、身高体重、成长进步或你的心得。

有趣且健康的饮食

在盘子中放入五彩缤纷的食物。以下的简要指导将会告诉你如何让宝宝摄入全面的营养。

☐ 让宝宝在厨房里帮忙，让他做一些轻松的工作，比如为你递调料、洗水果或搅拌食物。他或许更愿意吃自己帮忙制作的食物。虽然他可能会制造一点小麻烦，但这是值得的！

☐ 用饼干压花器将食物切成有趣的形状，或是让宝宝帮忙创造一个新菜式。这样可以促进学习、激发创造力并增加饭量！

☐ 使用"我的餐盘"（MyPlate）指南：盘子中的 1/2 应该是水果和蔬菜，1/4 是蛋白质类食物，最后 1/4 是谷物。

✚ 什么时候应该担心呢？如果宝宝的生长发育或体重增长情况出现了异常，就要带他去看儿科医生了。你可以按照儿科医生和 / 或儿童营养师的建议来为宝宝制订全面的营养方案。

牛奶及其他液体食物的相关问题

47. 应该在何时、通过何种方式让宝宝从奶瓶过渡到杯子？

在宝宝 6 ~ 9 个月大时就可以引入学饮杯或吸管杯了。宝宝可能不会马上接受它，但是你要坚持尝试。刚开始的时候，你可以在杯子里装上水，

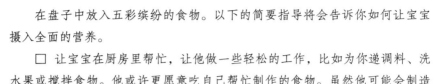 ____ 年 ____ 月 ____ 日·记录宝宝的喂养、排便、身高体重、成长进步或你的心得。

以免洒出来不好清理，不过很快你就可以把水换成母乳或配方奶了。当宝宝可以熟练使用学饮杯或吸管杯时，你就可以帮他戒掉奶瓶了。目标是让他在 12 ~ 18 个月大时完全戒掉奶瓶，只使用杯子。

如果宝宝已经超过 1 岁，让他从奶瓶过渡到杯子会很困难，尤其是当他已经把奶瓶当作安抚物时。即便如此，你也应当试着让他逐渐戒掉奶瓶。如果宝宝已经超过 1 岁半了，常用的方法是一次戒掉。挑一天找齐所有的奶瓶，把它们统统送走。如果宝宝已经足够大了，能够明白你说的话，你可以提前一天提醒他你要把所有的奶瓶收走，并且解释说要送给需要它们的更小的宝宝。他或许会尖叫，甚至在 1 ~ 2 天内拒绝喝奶和喝水（无须担心，在这么短的时间内他不会脱水），但是他很快就会忘记奶瓶，不久就会使用学饮杯或吸管杯了。

你的目标是让孩子在 1 岁半前戒掉奶瓶，在 2 岁（最晚 3 岁）前使用普通的杯子（非学饮杯）喝水或喝奶。

用杯子喝奶

我见过太多的家长只用奶瓶给孩子喝奶，而学饮杯或吸管杯只用来给孩子喝水或果汁，但等到该戒掉奶瓶时，他们的孩子就不再喝奶了。这个问题其实完全可以避免。当你引入学饮杯或吸管杯时（在宝宝 6 ~ 9 个月大时），就在里面装上母乳或配方奶给宝宝喝，这样的话，除了乳头和奶瓶，宝宝也会习惯使用其他东西来喝奶。等宝宝长到 1 岁，你开始给他喝全脂或低脂牛奶时，他也会更容易接受杯子。

___ 年 ___ 月 ___ 日·记录宝宝的喂养、排便、身高体重、成长进步或你的心得。

48. 何时可以给宝宝喝普通牛奶？应该如何引入？

你可以在宝宝 1 岁时给他喝普通牛奶。如果宝宝依然在吃母乳，在你愿意的前提下，可以让她用杯子喝普通牛奶并且戒掉母乳。哪怕宝宝在幼儿阶段继续母乳喂养（你为了宝宝坚持母乳喂养的行为令人敬佩！），偶尔让他尝几口牛奶也可以让他习惯牛奶的味道，这样当你最终要给他戒掉母乳时，他会继续喝牛奶。如果你给他喝的是配方奶，那就可以直接换成普通牛奶。许多 1 岁的宝宝对这种转换适应良好，如果你或宝宝倾向于缓慢过渡的话，你可以将配方奶和普通牛奶混合起来，让他在几天内逐渐习惯这种普通牛奶的口感。理想的情况是，宝宝会用杯子喝普通牛奶。如果他现在还很依赖奶瓶，你可以先让他用奶瓶习惯普通牛奶的口感，几周之后就可以戒掉奶瓶使用杯子了。

专家们曾经推荐所有 1 ~ 2 岁的宝宝喝全脂牛奶。他们认为，在这个年龄段大脑的生长发育需要这些额外的脂肪。但是由于近年来儿童肥胖率的增加以及许多幼儿高脂肪饮食的出现，现在专家认为，这一年龄段的宝宝也可以喝低脂牛奶（乳脂含量为 2%）。如果宝宝超重或者肥胖，或者有心脏病、高胆固醇家族史，你可以就此问题咨询一下儿科医生。

我往往建议没有上述问题的宝宝在 1 岁半前喝全脂牛奶；在 2 岁前，根据他们的生长发育和饮食情况再决定是否换成乳脂含量为 2% 的低脂牛奶；2 岁以后，作为低脂均衡饮食的一部分，大多数宝宝应该选择乳脂含量为 1% 的低脂牛奶或脱脂牛奶。脱脂牛奶的钙含量和其他营养元素（除

＿＿ 年 ＿＿ 月 ＿＿ 日·记录宝宝的喂养、排便、身高体重、成长进步或你的心得。

脂肪外）含量基本与乳脂含量为 1% 或 2% 的牛奶以及全脂牛奶相同。

49. 宝宝对牛奶过敏怎么办？

　　一些宝宝只对自己直接摄入的牛奶或乳制品过敏（比如喝完牛奶后起荨麻疹），但对妈妈摄入乳制品后经母乳传递的部分不过敏，这时你主要是要避免让宝宝摄入牛奶和乳制品。但是，如果宝宝不但对自己摄入的牛奶过敏，而且对母乳也过敏的话，那么你也应该避免吃任何乳制品，这样就不会有牛奶蛋白进入你的乳汁中然后再传递给宝宝了。对配方奶喂养的此类宝宝，医生或许会建议给他喝深度水解配方奶，这种配方奶中不含牛奶蛋白。

　　如果宝宝对牛奶有过敏反应之外的其他反应（如便中含血），哺乳的妈妈也应当避免摄入乳制品，起码要等到宝宝长大一些、类似的反应消失之后（6 ~ 12 个月大）才可以。对配方奶喂养的此类宝宝，医生或许会建议让他喝氨基酸配方奶。

　　对于确实对乳制品过敏（如起荨麻疹）的幼儿和更大的孩子，除非医生另有建议，否则应该避免食用任何乳制品。

　　你可以向儿科医生或营养师咨询，以确保宝宝营养摄入充足，能够满足生长发育的需要。如果宝宝确实对牛奶过敏，他很可能对其他动物的乳汁（如羊奶）也过敏，因为它们含有类似的蛋白质。这种情况下，为了保证宝宝获取足够的营养，你可以考虑用非乳制品来代替牛奶，比如豆奶、豌豆蛋白奶、火麻奶或杏仁奶。另外，你要让他多吃富含钙和维生素 D 的

___ 年 ___ 月 ___ 日·记录宝宝的喂养、排便、身高体重、成长进步或你的心得。

食物，比如西蓝花、羽衣甘蓝、卷心菜、三文鱼、金枪鱼和强化米粉。

　　如果宝宝对牛奶严重过敏，你必需看清食物包装上的标签，确认其不是乳制品，或者不是生产乳制品的工厂所生产的其他食品。如果宝宝对牛奶轻微过敏，医生可能会在宝宝接受观察的前提下，在医院给他吃一些烘焙食品（如玛芬蛋糕）。请记住，有些宝宝在长大一些后过敏反应会消失，所以你不必永远与牛奶做斗争。

50. 牛奶、羊奶、豆奶、杏仁奶、米乳、椰奶、豌豆蛋白奶以及火麻奶有什么区别？

　　这些奶之间的区别比大家想象的要大得多。每杯（约 240 毫升）牛奶、羊奶和豌豆蛋白奶含有约 8 克的蛋白质，每杯米乳、椰奶以及多数以坚果为原料的奶（如杏仁奶）中一般只含有不超过 1 克的蛋白质。每杯火麻奶一般含有不超过 4 克的蛋白质。对每天喝 2 杯奶的宝宝来说，这是巨大的差别。牛奶替代品与牛奶相比热量偏低，含有的其他营养素（除蛋白质外）也偏少。比如，羊奶中不含叶酸，以羊奶代替牛奶的宝宝有时会出现贫血。

　　每天喝 2 杯牛奶的幼儿可以摄入约 16 克蛋白质、300 卡热量；而每天喝 2 杯杏仁奶的幼儿只能摄入约 2 克蛋白质、100 卡热量（不同种类的杏仁奶含有的热量不同）。我曾见过许多幼儿，他们的父母在决定给孩子喝牛奶替代品时却没有对其他饮食作出调整，从而导致他们体重增长过慢或发育不达标。如果宝宝对牛奶过敏，或者你决定给他喝其他种类的奶，请咨询儿科医生和 / 或儿童营养师，以确保宝宝摄入足量的蛋白质、热量和

___ 年 ___ 月 ___ 日 · 记录宝宝的喂养、排便、身高体重、成长进步或你的心得。

其他营养素，保证良好的生长发育。

51. 有的宝宝只爱喝牛奶不爱吃饭，而有的宝宝不爱喝牛奶。那么牛奶喝多少才算多？至少喝多少才可以？

许多宝宝不喜欢吃饭，可能是因为他们通过喝奶已经摄入了足够的热量。牛奶（尤其是全脂牛奶或乳脂含量为 2% 的低脂牛奶）有很强的饱腹感，所以喝奶多的孩子往往不想吃饭。如果宝宝不爱吃饭，你可以试着限制一下宝宝的喝奶量（控制在每天 480 毫升以内）。让宝宝在吃饭时喝水，饭后再喝牛奶，这样他就不会被牛奶填饱肚子了。

一般情况下，每天 2 ~ 3 份[①]高钙食物就可以满足宝宝对钙的需求。1 ~ 3 岁的宝宝每天需要约 600 毫克的钙，喝 2 杯（480 毫升）牛奶就可以满足这一需求（每杯牛奶的钙含量约为 300 毫克）。如果宝宝拒绝喝牛奶，你可以为他提供 2 ~ 3 份其他高钙食物，如酸奶、奶酪、绿色蔬菜或加钙橙汁。

52. 何时才能给宝宝喝果汁？

最好不要给婴儿或幼儿喝果汁。虽然 100% 的果汁可能含有一些维生素，但它们还常常含有过多的糖和热量。另外，果汁中不含水果里才有的纤维。你能为宝宝的未来健康所做的事情之一，就是让他在婴儿时期习惯

[①] 一份大约是宝宝的手掌心大小。

___ 年 ___ 月 ___ 日·记录宝宝的喂养、排便、身高体重、成长进步或你的心得。

喝白水。现在很多成年人都不喜欢喝白水，这往往是因为他们小时候没有习惯白水的味道。哪怕是经常给宝宝喝掺水的果汁，也会让他养成喝甜味饮料的习惯。最好在任何时候都只给宝宝喝水或牛奶。如果你坚持给宝宝喝果汁，也最好每天不超过 180 毫升。对待甜味饮料的态度要像对待甜点的态度一样——只在特殊场合才吃。

　　当然也有例外的情况，那就是宝宝便秘的时候可以喝一些果汁。这种情况下，儿科医生或许会建议你给宝宝喝少量的西梅汁、苹果汁或梨汁外加高纤维饮食，以缓解便秘问题。（关于便秘的更多信息，请参见第 54 个问题和第 55 个问题。）

72

___ 年 ___ 月 ___ 日·记录宝宝的喂养、排便、身高体重、成长进步或你的心得。

第 5 章

大便问题

不管我们是否愿意承认，在头几年的育儿过程中，很大一部分问题都是关于大便的。这始于你在医院里换的第一块沾满黑色黏稠大便的尿布，以后逐步演化为如何教孩子在训练马桶里大便。宝宝大便的颜色有很多种，稠度和拉大便的频率也有区别，还有，它们的气味也可能千差万别。关于大便的问题绝对是家长最常问的问题之一。孩子的大便太硬、太软、太多、不够多或者颜色不对都会引起家长的担忧，对家长来说，孩子的大便似乎很少有"刚刚好"的时候。我都记不清有多少大便"礼物"（有包在纸尿裤里的，有装在塑料袋里的，还有的甚至被装在了塑料容器里）被家长们递到了我的面前。为了帮助你弄明白什么是正常的大便，出现了什么样的大便时需要带宝宝去看儿科医生，本书提供了以下关于大便的信息。

正常的大便

53. 宝宝的大便看起来应该是什么样子?

　　刚生下来的宝宝可能看起来很像你，但是他的大便可和你的很不一样。不同的宝宝，大便的颜色和稠度各不相同，排便的频率也差异很大。一般来说，宝宝应该在出生后 24 小时内第一次排便，这一次排出的大便看起来比较黏稠，呈棕黑色，称为"胎便"。在宝宝出生后的几天至几周里，母乳喂养的宝宝大便的颜色会逐渐变浅，从棕黑色到棕色，然后变为绿色，最后呈黄色；大便的稠度也会发生改变，从黏稠的到有颗粒感，然后变得像干酪糊或者更稀些。母乳喂养的宝宝最初大便的频率会是每天多次，常在每次吃完奶后大便。配方奶喂养的宝宝大便会更稠，颜色呈现浅棕色，大便的频率平均为每天一次。

　　随着婴儿不断长大，一般来说，他们大便模式的变化速度会减慢。有些婴儿一天大便多次，而另一些则隔几天才大便一次。大便的颜色会从黄色到棕色不等，偶尔还会出现绿色。是的，绿色的大便也很正常！

　　随着摄入的辅食越来越多，幼儿的大便一般看起来（还有闻起来）和

　　___ 年 ___ 月 ___ 日·记录宝宝的喂养、排便、身高体重、成长进步或你的心得。

成年人的差不多。孩子的饮食变化了，大便的颜色和稠度自然也会跟着变化，这很正常。如果你发现宝宝的纸尿裤上出现了荧光绿色，这或许是果汁中的色素造成的，这也是我为什么不建议给宝宝喝果汁的理由之一。

以下列举了几种宝宝大便的类型，以帮助你判断便秘或腹泻。

☐ **类型1**：排便时很痛苦，大便非常干硬，像石头或小球，很难排出。

☐ **类型2**：刚开始很难排出，像羊粪蛋，后面正常。

☐ **类型3**：大便柔软，能够轻松排出，呈条状。

☐ **类型4**：大便极其柔软，呈半固体状，容易排出。

☐ **类型5**：大便呈液态，是流出来的，难以控制。

类型1和类型2代表便秘，意味着宝宝可能需要摄入更多的膳食纤维和水分。类型3属于正常。类型4和类型5可能代表宝宝摄入了太多的果汁、腹泻或是患上了伴随有稀软便的其他疾病。我们的目标是让宝宝的大多数大便看起来像类型3。由于饮食、摄入的水量以及活动量大小的不同，宝宝的大便可能每天都不一样，如果宝宝的大便只是偶尔异常，你不必太过惊慌。应该关注的是宝宝一贯的大便性状。

＋ 虽然正常情况下宝宝的大便颜色也会发生变化，但是如果出现了某些颜色还是要引起注意。如果过了出生后的最初几天，宝宝排出黑色大便，或者大便是红色的或含有血液，或者呈白色或灰色，请带他去看儿科医生，并记得带上大便样本以便检查。

75

▟ ___年___月___日·记录宝宝的喂养、排便、身高体重、成长进步或你的心得。

便秘

54. 宝宝 3 天没大便了，该怎么办？

不管你信不信，这是儿科医生最常听到的问题之一。在出生后的最初几周里，宝宝确实应该每天都大便；如果不是这样的话，请密切关注并在必要时就医。随着婴儿不断长大，他们大便的次数会比新生儿期逐渐减少，有些可能一周才大便一次。虽然有时候几天才大便一次也属正常，但这也可能意味着宝宝摄入的奶量不足。极少数情况下，是某些问题阻碍了大便的排出，比如有一种疾病叫做"先天性巨结肠"，这是一种先天性的肠道发育异常，表现为顽固性的便秘、腹胀。

如果宝宝从医院回家前已经至少排过一次大便，而且回家后的几周进食和排便情况都很良好，这就表明宝宝的消化系统功能是正常的。母乳喂养的新生儿，每天大便 11 次到每 5 天大便一次都正常。当宝宝 2 个月左右大时，他的排便规律可能会发生改变，大便的次数一般会变少。配方奶喂养的宝宝一般比母乳喂养的宝宝大便次数要少。只要宝宝表现正常，摄入的奶量足够，大便不是太硬，那就无须担心，只要等待宝宝大便即可——这也是我常常会告诉父母的答案。

另外，宝宝或许会因为排便而使劲，脸也可能会变红，但是只要排出的大便松软，这些表现都不是问题。如果大便大且硬，或者看起来像羊粪蛋，又或者宝宝因为几天没大便而感到很不舒服，你可以尝试给他喝

美味的西梅

如果宝宝便秘但他不肯喝西梅汁或水，你可以把它们掺进母乳或配方奶中，这样他就会乐于接受。我知道这听起来很奇怪，不过宝宝喜欢西梅汁和母乳混合后的味道。对于开始吃辅食的婴儿，你可以尝试给他吃些婴儿西梅泥。有些婴儿喜欢在早餐时吃一点西梅泥，你可以在米粉、其他水果泥或酸奶中加一点西梅泥。对于能够自己吃饭的幼儿，你可以给他吃切成小块的西梅。西梅是甜的，多数婴幼儿都会很快喜欢上它的味道。让婴幼儿养成定期吃西梅的习惯，可以预防将来可能发生的众多腹痛和便秘问题。如果用了上面的方法，宝宝在大便方面依然有问题，请带他去看儿科医生，以确认是否还要采取其他方法。

30～60毫升的水或西梅汁，或吃等量的婴儿西梅泥来帮助软化大便，使之容易排出。

✚ 如果你有任何疑问，或宝宝出现以下情况，请及时带宝宝去看儿科医生。

☐ 肚子看起来鼓鼓的；

☐ 呕吐；

☐ 发热；

☐ 看起来很疲惫，对喂奶不感兴趣。

如果新生的宝宝其他方面看起来都很健康，但在出生后的最初几周内不是每天都大便，或在最初几周之后整整一周都没有大便，

✎ ___ 年 ___ 月 ___ 日 · 记录宝宝的喂养、排便、身高体重、成长进步或你的心得。

✚ | 请咨询儿科医生。

55. 宝宝有便秘的趋势，应该给他吃 / 喝些什么才能软化大便，预防便秘？

婴幼儿便秘很常见，可能带来无穷无尽的麻烦。如果大便时疼痛，他们就不愿意大便。于是他们就会憋着，这样大便时会更加疼痛，而且这也的确会干扰如厕训练（参见第 142 个问题）。无论你的孩子多大，哪怕他已经成人，纠正并预防便秘都非常重要。

在婴儿和幼儿时期形成规律的排便习惯，能够预防终身的排便压力。可以帮助养成规律排便习惯的方法有以下几种。

☐ 除了母乳和配方奶之外，摄入液体的第一选择永远是水，喝水能够帮助大便通过肠道。

☐ 给宝宝多吃一些高膳食纤维食物，例如绿叶菜、西蓝花、菜花、豌豆、李子、西梅、葡萄干、全谷物米粉、全麦面包等。在购买包装类食品前一定要查看标签上的膳食纤维含量（最好在 3 克及以上）。

☐ 如果你不能平衡饮食结构中容易导致便秘的食物（比如香蕉、大米以及膳食纤维含量不高的米粉、面包等）和富含膳食纤维食物的比例，就要避免给宝宝吃太多容易导致便秘的食物。

☐ 让宝宝形成规律的如厕习惯。一般来说，每次餐后都应如厕。这样的话，宝宝就可以充分利用身体在餐后想要大便的自然反应。

☐ 让宝宝多活动。孩子天生好动，按理说这一点都不难，但是随着孩

✎ ___ 年 ___ 月 ___ 日·记录宝宝的喂养、排便、身高体重、成长进步或你的心得。

子花在电子设备上的时间越来越多，保证他们每天有足够的时间运动就变得越来越困难了。

以下的窍门能够在宝宝便秘时提供帮助。

☐ 有些水果是天然的泻药，包括西梅、李子、樱桃、杏、梨和葡萄等。有些果汁也可以帮助缓解便秘，例如西梅汁、苹果汁、杏汁和梨汁等。我发现西梅汁的效果最好。如果宝宝不愿意喝西梅汁，你可以将1份西梅汁和2份苹果汁混合起来给他喝。虽然苹果汁对于缓解便秘也有效果，但是有些孩子需要每天喝2～3杯（未稀释的）才能见效，这样的话会摄入太多的糖分。多喝水也有助于缓解便秘。

☐ 确保宝宝每天的饮食中都含有一定量的高膳食纤维食物。如果你留意食品标签的话，就会惊讶地发现有如此多美味的高膳食纤维食物可供选择。高纤全麦面包、高纤薄脆饼干以及高纤软谷物棒，这些都是很好的选择。许多便秘的幼儿在每天吃一些高纤薄脆饼干后，大便会变得非常规律。如果通过饮食缓解便秘的效果不够好，你可以咨询儿科医生，请他制订一个方案，帮助软化宝宝的大便。在医生的建议下，采用特殊的饮食或服用某种非处方药说不定也可以让宝宝受益。

___ 年 ___ 月 ___ 日·记录宝宝的喂养、排便、身高体重、成长进步或你的心得。

腹泻

56. 为什么宝宝每年冬天都容易腹泻？

在相关疫苗问世前，轮状病毒是导致宝宝腹泻的最常见因素；而现在，导致宝宝腹泻的最常见因素是诺如病毒。二者都是在冬季最活跃。许多家长称此类病毒感染为"肠胃流感"，不过这两种病毒与引起咳嗽和高热的流感没有什么关系。

感染这两种病毒后的典型症状是持续几天的发热和呕吐，随后会出现绿色、难闻的水样便（持续一周甚至更长时间）。大一些的儿童和成年人由于免疫功能比较强，可能症状比较轻微，但小一些的孩子会出现严重的呕吐和腹泻。年龄较小的孩子感染这两种病毒后容易脱水，因而常常需要住院治疗。病毒会像野火一样在托儿所和幼儿园传播，因为这些地方孩子们之间会密切接触。

那么，怎么做才能降低宝宝的感染风险呢？首先，你要用正确的方式勤洗手；其次，要教会宝宝也这样做。

57. 宝宝腹泻时该给他吃／喝什么？

最重要的是给宝宝多补充水分。不过这说起来容易做起来难，严重腹泻的宝宝常会把吃／喝下去的东西全部迅速拉出来；如果宝宝还有呕吐的症状，那想让他的身体保持水分就更加困难了。

80

对于新生儿：新生儿腹泻很容易导致脱水，所以当新生儿发生腹泻时一定要及时带他去看儿科医生，医生会通过检查确定病因然后有针对性地进行治疗。除非医生另有建议，否则你应该继续给新生儿吃母乳或配方奶。医生或许会建议你给宝宝多补水，或者让你给宝宝喝口服补液盐溶液，或者将宝宝的配方奶换为无乳糖的版本，直到腹泻缓解。医生也许会让你每天或每隔几天测量宝宝的体重，以确保其没有下降。如果新生的宝宝在腹泻的同时还伴有发热，你应该立刻带他去医院，让儿科医生评估他的病情，以确保没有其他更加严重的感染。

对于婴儿：如果宝宝已经开始吃辅食了，生病时他可能没什么食欲。只要他能够持续摄入水分就没关系。当他有胃口时，可以先从简单的食物吃起，比如米粉和香蕉，然后根据他的接受程度慢慢增加食物种类。尽量不要给他喝果汁，因为果汁可能会加重腹泻。不过由于目标是让宝宝不脱水，所以如果他除了果汁什么都不喝，在可行的前提下可以尝试给他喝加水的低糖果汁。

对于幼儿：如果喝普通牛奶会加重腹泻，你可以尝试给他喝几天不含乳糖的牛奶。喝电解质补给饮品也可以帮助宝宝保持水分。不要给宝宝喝含糖饮料和果汁，因为它们可能会加重腹泻。不过，如果宝宝非常固执（许多宝宝都是如此），为了让他保持水分，喝一些也是可以的，总比什么都不喝强。如果宝宝有食欲的话，普通饮食就很好（甚至更为推荐）。某些特定食物，如面包、米饭、土豆泥、香蕉或苹果酱等，对胃部不适的人来说，刚开始会更容易接受一些，还可以帮助缓解腹泻。

___ 年 ___ 月 ___ 日 · 记录宝宝的喂养、排便、身高体重、成长进步或你的心得。

　　对于所有年龄段的宝宝：对于腹泻的宝宝，在你每次给他换纸尿裤时，要在他的屁股上涂一层含氧化锌成分的护臀膏以预防尿布疹。尿布疹会让宝宝感到不舒服，严重的还可能引起疼痛。但是即便你尽了最大的努力，尿布疹还是有可能发生。如果遇到这种情况，请继续给宝宝的臀部涂护臀膏，并参见第 102 个问题以获取更多建议。

✚　　如果出现以下情况，请及时带宝宝去看医生。

　　□ 宝宝拒绝摄入液体；

　　□ 宝宝的腹泻物中有血或过多的黏液；

　　□ 宝宝尿湿的纸尿裤数量比平时少；

　　□ 宝宝腹泻的时间超过 2 周；

　　□ 宝宝（非新生儿）每天大便超过 8 次。

58. 如何判断宝宝是否脱水了？

　　对于腹泻病例，脱水是最令人担忧的并发症之一。注意一些细节可以帮助你辨别宝宝脱水的信号。

✚　　如果宝宝出现以下任何情况，请及时带他去看儿科医生并接受治疗。

　　□ 尿量明显减少：因为宝宝的身体正努力保存水分，所以他的尿量可能会减少。作为一个经验性原则，他在 24 小时内尿湿的纸尿裤应该至少为 3 片，否则就视为尿量过少。

___ 年 ___ 月 ___ 日·记录宝宝的喂养、排便、身高体重、成长进步或你的心得。

╋ □ 嗜睡：多数宝宝在腹泻时会感到非常疲惫，会比平时睡得多，但是能够被叫醒。如果你发现宝宝很难被叫醒，或者看起来有些神志不清，就表明他可能存在严重的脱水。

□ 出现脱水病容：眼窝深陷，哭时没有眼泪，嘴巴发干，这些都是严重脱水的信号。

□ 拒绝喝任何东西：如果宝宝在几小时内一点水都不愿意喝，那他或许需要额外的帮助以保持水分，比如接受静脉补液。

59. 宝宝服用抗生素后大便变稀，这是过敏反应吗？需要停药吗？

大便变稀不是对药物过敏的表现。腹泻和轻微腹痛是服用抗生素最常见的两种不良反应。另外，大便变稀也可能是原发疾病的表现之一。只要给宝宝多补水，保证他不脱水，大便稀一些一般不会造成任何伤害（有时可能导致尿布疹）。在停用抗生素或疾病康复后不久，宝宝的腹泻就可能停止。需要注意的是，不要在没有咨询儿科医生的情况下就给宝宝停用抗生素。

补充益生菌是个好主意（哪怕在没有服用抗生素的时候也可以补充，好的肠道菌群对身体有益），这样可以修复被抗生素破坏的肠道菌群。你可以在孩子服用抗生素期间给他吃益生菌补充剂，或者喝含有活性菌和益生菌的酸奶（或其他饮品），但是要让他在服用抗生素的一小时前或后服用益生菌，而且应当持续到停用抗生素后的 1 ~ 2 周。

___ 年 ___ 月 ___ 日·记录宝宝的喂养、排便、身高体重、成长进步或你的心得。

如果停用抗生素后，宝宝出现呕吐、便中带血，稀便频率达到一天 8 次，或之前的腹泻一直持续等情况，请及时带他去看儿科医生。如果在服用抗生素 2 ~ 3 天后宝宝仍然发热，也请带他去看儿科医生，以查明最初的感染是否好转，或者是否需要改变治疗方案。

___ 年 ___ 月 ___ 日·记录宝宝的喂养、排便、身高体重、成长进步或你的心得。

第 6 章

腹痛与呕吐

　　不是所有的腹痛都会导致呕吐。腹痛可能是胀气、便秘，甚至是紧张情绪导致的；但也有可能是病毒性胃肠炎的首发症状，这种腹痛即将随之而来的往往是呕吐和腹泻。

　　如何区分严重的腹痛和只是由于吃了太多零食而引起的腹痛颇具挑战，尤其当宝宝眼泪汪汪地哭诉时。虽然宝宝抱怨肚子疼时不应不以为然，不过本章会提供一些基本指导，帮助你了解在宝宝腹痛时，哪些情况应该引起警惕，哪些情况可以放松对待。

腹痛

60. 宝宝经常说肚子疼，但疼得不厉害，我该怎么办？

只要疼痛不剧烈、没有加重或影响活动，你就可以花些时间对情况做一下评估。如果你想带他去医院，最好先弄清楚以下问题的答案，因为儿科医生或许会问你，以找到引起疼痛的原因。

□ 疼了多长时间了？是几天、几周还是几个月？

□ 疼痛的程度如何？孩子会因为疼痛哭闹吗？

□ 疼痛的位置在哪里？是在肚脐周围还是在右下腹？

□ 疼痛一般持续多长时间？什么时候疼痛减轻或加重？

□ 孩子有没有发热、呕吐或腹泻？

□ 孩子晚上是否会被疼醒？疼痛有没有影响他的活动？

□ 孩子是不是只在去幼儿园的那几天肚子疼？或是只在一天中的某个特定时间段疼？

□ 孩子胃口如何？

□ 疼痛是否和某种特定的食物或饮料有关，比如牛奶制品？或者，孩子吃东西后疼痛会减轻还是加重？

□ 孩子进行如厕训练了吗？疼痛是否只发生在他要大便的时候？

□ 孩子每天都大便吗？大便是硬还是软？是粗还是细？大便是否带血？

___ 年 ___ 月 ___ 日·记录宝宝的喂养、排便、身高体重、成长进步或你的心得。

减轻腹痛

　　很难说哪一种方法可以最好地减轻腹痛。有些父母发现给宝宝吃西甲硅油、婴儿缓解胀气水（grip water）或缓解胀气滴剂可以安抚胀气的宝宝。给大一点的婴儿和幼儿泡一个热水澡、喝一点凉的洋甘菊茶或薄荷茶，也可以起到缓解作用。

　　☐ 孩子最近是否有社交或家庭方面的压力？孩子所处的环境是否发生了改变？

　　☐ 孩子是否有肠胃疾病家族史或肠胃问题？

　　☐ 孩子最近是否旅行过，或接触过宠物？

　　在你带孩子去看儿科医生前的几天内（有时甚至更长），请注意收集一些相关信息（比如孩子的饮食情况、疼痛发生在什么时候、疼痛发生时孩子在做什么、疼痛持续了多久，最重要的是，他多久大便一次，大便的形态如何），这些信息可能会对医生的诊断有所帮助。

61. 什么情况下需要带腹痛的宝宝去看医生？

　　婴儿往往不能告诉你他肚子疼，所以你需要做些"侦查"工作才能确定什么时候需要带他去看医生。

✚　　如果宝宝出现以下情况，请立刻带他去看儿科医生。

　　　☐ 看起来病恹恹的；

87

_＿_ 年 _＿_ 月 _＿_ 日·记录宝宝的喂养、排便、身高体重、成长进步或你的心得。

☐ 腹痛非常严重（尤其当疼痛位于右下腹时）；

☐ 腹痛加重；

☐ 腹痛持续超过 2 小时；

☐ 腹部膨隆，或有触痛；

☐ 对最喜爱的食物也不感兴趣；

☐ 持续呕吐或呕吐呈喷射状；

☐ 持续腹泻；

☐ 大便带血，颜色深，或看起来像葡萄酱；

☐ 因腹痛而不能上下跳；

☐ 因腹痛而不能走路，或走路时弓着腰；

☐ 排尿时腹痛或排尿次数减少（每天少于 3 次）。

62. 如何判断宝宝的腹痛是否为阑尾炎引起的？

诊断阑尾炎，有时对医生来说都是一件不容易的事，尤其是患者年龄非常小时。这就是为什么当腹痛和上一个问题列举的任何症状同时出现时，应该立刻找医生评估病情的原因。阑尾炎的一般表现是，疼痛最初在肚脐周围，持续几小时后，疼痛转移到右下腹。当按压孩子的右下腹区域时，他会喊疼。孩子还可能出现发热、呕吐、不想吃东西等表现。可以让宝宝试着跳一跳，如果是阑尾炎，他很可能会因为疼痛而跳不起来。

十　婴幼儿患阑尾炎的症状可能不典型，尤其当他还不满 2 岁时。

＿＿ 年 ＿＿ 月 ＿＿ 日·记录宝宝的喂养、排便、身高体重、成长进步或你的心得。

✚ 如果宝宝出现了第 61 个问题中列举的任何一个症状，或者你怀疑宝宝可能得了阑尾炎，请及时带他去看儿科医生。医生会对宝宝进行详细的体格检查，还可能做其他检查（如超声波检查或 CT 检查等）以明确诊断。

63. 宝宝的腹部有时会有一个凸起，这正常吗？是疝气吗？

当宝宝剧烈哭闹时，他可能会吞下很多空气。这会让他的肚子看起来鼓鼓的。如果是肚子上某个特定的区域凸起（而不是整个肚子），你可能就要怀疑是不是疝气了。当腹壁上存在孔隙时，腹压增高往往会使腹内容物（通常是肠管）从孔隙挤出来，于是就发生了疝气。哭闹、咳嗽或呕吐可能引起腹压增高，导致腹内容物突出；平躺可以使腹压减小，突出的腹内容物常常可以自行复位。脐疝和腹股沟疝是儿童疝气中最常见的类型。

宝宝出现脐疝（表现为脐部突出）一般不需要担心。随着宝宝不断长大，他腹部的肌肉会逐渐聚合，疝气一般在 2 ~ 4 岁时就会消失。如果疝比较大，而且没有随着宝宝长大而缩小，你应当咨询一下儿科医生，看看是否需要进行手术治疗。

腹股沟疝是下腹部或腹股沟区域出现的凸起，在男孩中更常见。如果你的儿子患上了腹股沟疝，你可能会发现他的两个睾丸大小不一样。两侧腹股沟都有可能发生疝气。如果你发现以上症状，请及时带孩子去看儿科医生。

一般来说，如果宝宝没有痛感，而且食欲良好，疝气就不是一种需要

✐ ___ 年 ___ 月 ___ 日·记录宝宝的喂养、排便、身高体重、成长进步或你的心得。

紧急处理的疾病。

✚ 　如果宝宝疼痛剧烈或呕吐，请立刻带他去看儿科医生或去急诊。这种情况通常需要进行紧急外科手术治疗。

呕吐

64. 宝宝呕吐时该给他吃 / 喝什么？

新生儿"呕吐"往往是因为吃奶吃得太多、太快了，造成了反流，导致吐了许多奶（关于反流的更多信息，请参见第40个问题）。如果不是这个原因，可能就需要带他去看医生了，因为这可能是某些疾病的表现，严重时可能会引起脱水。

✚ 　如果新生的宝宝发生喷射性呕吐，呕吐时很费力，呕吐频繁，或者连续2次吃奶后都发生呕吐，你要高度重视，及时带他去看儿科医生。如果宝宝的呕吐物带血或带有深褐色"咖啡渣状"物质，请立刻带他去看儿科医生或去急诊。

如果大一点的婴儿或幼儿正处于呕吐发作时，最好不要给他吃 / 喝任何东西。呕吐发作过后，你可以尝试少量多次地给他喝一些汤水。开始的时候可以每10分钟喂一勺；如果1小时后宝宝没有呕吐，可以缓慢加量。

＿＿ 年 ＿＿ 月 ＿＿ 日·记录宝宝的喂养、排便、身高体重、成长进步或你的心得。

如果几小时后宝宝没有再呕吐，可以让宝宝喝少量的奶（母乳、配方奶都可以）或者他喜欢喝的任何东西，然后再缓慢增加至平时的量。许多父母都会犯的错误是，让宝宝一下子喝进去好几十毫升甚至更多的液体。可你知道吗？肠胃不舒服时，一下子喝进去那么多东西，会对胃造成刺激，结果就是被全部吐出来。最好在呕吐停止后的几小时内只给宝宝吃流质食物。当你开始给宝宝吃固体食物时，一定要循序渐进。刚开始的时候，固体食物要少且简单，可以是一勺米粉或一块薄脆饼干，等待大概 30 分钟，看看宝宝的接受程度如何再决定接下来怎么办。

＋ 对于大一点的婴儿和幼儿，如果你发现以下症状，请带他去看儿科医生。

☐ 喝很少的液体也会吐出来；

☐ 呕吐持续超过 2 或 3 小时；

☐ 呕吐物带血或带有深褐色"咖啡渣状"物质；

☐ 呕吐物呈鲜绿色或黄色；

☐ 出现脱水的表现（参见下一个问题）。

65. 什么是脱水？什么情况下需要为此而担心？

对于生病的宝宝来说，脱水总是令人担心的情况。当婴儿或小一点的幼儿摄入水分不足或呕吐时就可能发生脱水（无论有无腹泻）。脱水的表现有很多，常见的表现有尿湿的纸尿裤数量减少或排尿减少、嘴唇发干、

___ 年 ___ 月 ___ 日 · 记录宝宝的喂养、排便、身高体重、成长进步或你的心得。

缺少活力或比平时疲惫、烦躁不安；严重脱水的表现还包括哭时没有眼泪、囟门或眼窝凹陷。

　　为了预防脱水的发生，你可以少量多次地给宝宝补充水分（参见下文"避免严重脱水的方法"）。

✚　　新生儿发生脱水的速度非常快。不要等到出现了脱水的表现才寻求帮助。如果新生的宝宝呕吐、吃奶比平时少、尿湿或拉脏的纸尿裤数量比平时少，请及时带他去看儿科医生。如果宝宝喝一点水（或奶）就会呕吐，呕吐持续 2 ~ 3 小时，腹泻持续 2 ~ 3 天，或者出现了上文所述的任何一种脱水的表现，请带他去看儿科医生。

避免严重脱水的方法

　　为了避免宝宝严重脱水，你可以考虑按照以下步骤照顾呕吐的幼儿（对于婴儿，最好在尝试以下方法前与儿科医生沟通）。如果你在执行以下步骤时宝宝再次发生呕吐，先停下，然后返回上一步。如果宝宝仍然呕吐，请务必带他去看儿科医生或去看急诊。避免宝宝脱水的总的原则是，开始时少量摄入液体，在宝宝可以接受的前提下逐渐增加液体的摄入量，在几小时后给宝宝补充的液体总量达到 120 ~ 240 毫升，且这些液体不会因为呕吐而流失。

　　第 1 个小时：不给宝宝喝任何东西。

　　第 2 个小时：每 10 分钟给宝宝喂 1 茶匙口服补液盐溶液。

　　第 3 个小时：每 15 分钟给宝宝喂 2 茶匙口服补液盐溶液。

　　第 4 个小时：每 20 分钟给宝宝喂 15 毫升口服补液盐溶液。

_____ 年 _____ 月 _____ 日 · 记录宝宝的喂养、排便、身高体重、成长进步或你的心得。

避免严重脱水的方法（续）

第 5 个小时：每 30 分钟给宝宝喂 30 毫升口服补液盐溶液。

第 6 个小时：非常缓慢地恢复正常液体摄入量（一般情况下也可以给宝宝喝配方奶或母乳）。

93

___ 年 ___ 月 ___ 日·记录宝宝的喂养、排便、身高体重、成长进步或你的心得。

第7章

发热

宝宝发热时，许多家长都会惊慌失措。"哦不，发烧了！赶紧去医院！"发热并不是一种疾病，而是一种症状；更确切地说，是疾病的一个副产品。发热其实对疾病是有帮助的，这是身体在设法提高温度，让这些不受欢迎的访客在体内感到很不舒服。如果宝宝在不满3个月大时发热，应该引起注意，无论是什么时间，请务必带他去看儿科医生。如果宝宝已经满3个月大了，而且已经按程序接种过疫苗，你就不必为体温计的度数过分紧张。重要的是关注宝宝的状态如何（尤其是互动、饮食和睡眠情况），以及宝

> **什么是发热？**
>
> 人的正常体温在 37℃左右。对于同一个人，一天中的不同时段体温会有所不同。不同的人之间体温也会稍有差异。多数儿科医生认为，宝宝的直肠温度（肛门温度）在 38℃或以上或腋下温度在 37.3℃或以上就是发热。

宝是否还有其他症状（比如咳嗽或呕吐）。本章对与宝宝发热相关的问题进行了解答。在这里，我还要不厌其烦地再说一遍，因为这是绝对的真理：作为家长，你是最了解宝宝的人，所以如果你认为有什么不对劲，无论何时，请果断带孩子去医院就诊。

66. 是什么引起了发热？何时要带宝宝去看医生？

发热一般是由病毒或细菌感染引起的。请记住：发热本身不是疾病，它只是身体的防御机制在努力对抗感染的表现。

+ 　　不满 3 个月大的宝宝一旦出现发热，要立即带他去看医生。如果宝宝已经满 3 个月大，他在发热的同时出现以下症状，也要立刻带他去看医生，因为这些症状可能代表宝宝患了某种严重的疾病，或者病情正在恶化。

　　☐ 拒绝或无法摄入液体；

　　☐ 抽风；

　　☐ 持续哭闹；

___ 年 ___ 月 ___ 日 · 记录宝宝的喂养、排便、身高体重、成长进步或你的心得。

✚ □ 服药退热后仍然烦躁不安；

□ 难以唤醒；

□ 神志不清；

□ 皮疹；

□ 颈部僵直；

□ 呼吸困难；

□ 持续呕吐；

□ 腹泻。

✚ 如果宝宝发热超过 3 天，哪怕没有出现以上任何令人担忧的症状，也应该让医生评估一下孩子的病情。如果你觉得宝宝病得很重，或者你对某些状况尤为担心，也一定要带他去看医生。

针对不同年龄段的宝宝发热，以下是一些通用的指导原则：

不满 3 个月大的婴儿：如果直肠温度在 38℃或以上（腋下温度在 37.3℃或以上），哪怕宝宝看起来状态不错，也要立刻带他去看儿科医生。如果不能看儿科，就直接去看急诊。

3 ~ 6 个月大的婴儿：如果直肠温度在 39℃或以上，请带他去看儿科医生。医生可能会询问宝宝是否有其他症状（如咳嗽、发冷、呕吐、腹泻）和他的总体表现，以确定是否需要做进一步的检查，或是居家观察。

6 个月大以上的婴儿和幼儿：如果直肠温度在 40℃或以上，请带他去

___ 年 ___ 月 ___ 日·记录宝宝的喂养、排便、身高体重、成长进步或你的心得。

看儿科医生。如果直肠温度低于 40℃，只要他反应灵敏，可以互动并且能够摄入液体，就可以居家观察。如果症状在 3 天内没有好转或者继续加重，请带他去看儿科医生。

67. 应该多久给宝宝测一次体温？测量体温的最好方式是什么？

没有必要随时给宝宝测体温。但是如果他摸起来异常地热、食欲不佳、烦躁不安或嗜睡，你就要给他测体温了。

对新生儿来说，测量直肠温度是最准确也是更推荐的方法。虽然你可能认为这种方法会令宝宝不舒服，但这并不会伤害到宝宝。只要在体温计的末端涂上一层润滑剂（比如凡士林），将它轻柔地插入宝宝的直肠约 1.3 厘米（具体请遵照你使用的体温计的说明书）。用电子体温计测量直肠温度不但速度快而且非常准确，你在 1 分钟内就可以知道宝宝的体温。如果新生儿的体温在 38℃ 或以上，说明他发热了，这可能代表着某种严重的感染。虽然多数新生儿发热并不是什么大问题，但是病情可能会快速发展，因此应尽快带他去看医生，哪怕这意味着你要在半夜带宝宝去看急诊。

虽然直肠温度最准确，不过大一些的婴儿和幼儿不太可能一直躺着不动，让你有足够的时间来测温。因此，对于大一些的婴儿和幼儿，可以使用夹在腋下的电子体温计、耳温枪或颞动脉（前额）温度计。如果宝宝（尤其是婴儿）的上述体温计读数在 37.3℃ 或以上，最好在去看儿科医生前再测一下他的直肠温度。

_____ 年 _____ 月 _____ 日·记录宝宝的喂养、排便、身高体重、成长进步或你的心得。

观察宝宝退热后的状态

所有的宝宝在发热时都会非常难受，无论他们是否有其他症状。重要的是，当体温降下来后他们感觉怎样。如果他们在房间里玩耍，跑来跑去，那就是个好信号，说明他们可能病得并不严重。

+ 如果宝宝不满 3 个月大，直肠温度在 38℃或以上（腋下温度在 37.3℃或以上），请立刻带他去看儿科医生。如果你怀疑新生的宝宝生病了，哪怕没有发热，也要带他去看儿科医生。

+ 如果宝宝在退热后状态仍然不好，请带他去看儿科医生。

68. 宝宝发热了，但是没有其他症状，要带他去看医生吗？

对于 3 个月大以上的婴幼儿，只要他们状态良好，可以先居家观察。有些病毒感染性疾病，比如幼儿急疹（请参考第 10 章的相关内容），可以导致孩子发热 2 ~ 3 天，在这段时间，孩子没有其他任何症状，但退热后可能会出现皮疹（不用担心，这并不危险）。其他多数疾病，在发热 24 小时内你就会发现一些其他症状（比如咳嗽、流鼻涕或腹泻）。病毒感染导致的发热经常可以持续 4 ~ 5 天，如果超过 5 天就意味着存在其他感染。

+ 如果宝宝不满 3 个月大，直肠温度在 38℃或以上（腋下温度在 37.3℃或以上），一定要立刻带他去看儿科医生。新生儿在患病时，

___ 年 ___ 月 ___ 日·记录宝宝的喂养、排便、身高体重、成长进步或你的心得。

✚ 除了发热不一定总会出现其他症状，而且他们的病情往往会发展得非常迅速，所以一定不要延误病情。

另外，很重要的一点是，在给新生儿吃任何退热药之前都要咨询儿科医生。

如果宝宝超过 3 个月大，发热超过 3 天，即使没有其他症状，也请带他去看儿科医生。医生会对他进行体格检查，还可能会化验他的尿液和血液，以便作出明确诊断。

69. 宝宝发热，需要给他吃药吗？

请记住，发热只是宝宝的身体在对抗感染。医生或许会建议你给孩子吃退热药，但这只是为了让他感觉舒服一些（你也会放心一些）。非常重要的一点是，你要让孩子持续摄入液体，以防发热引起的脱水。如果宝宝发热时非常难受，不能摄入液体，那么药物可能会有所帮助。如果他状态良好，能够摄入液体，那就不必给他吃药。发热本身并不危险，它可以帮助对抗感染，宝宝很可能过一段时间就会退热。

你也可以给宝宝服用适量的对乙酰氨基酚或布洛芬之类的药物，以降低体温。不要给宝宝吃阿司匹林，因为它能够引起瑞氏综合征，这是一种严重的疾病，会对大脑和肝脏造成损伤。布洛芬（只适用于 6 个月以上的宝宝）的效果可以持续 6 ~ 8 小时，对乙酰氨基酚的效果可以持续 4 ~ 6 小时。两种药物的服用剂量都由体重决定，如果你不能确定宝宝的正确服药剂量，请务必咨询儿科医生或药剂师。为了防止服药过量，请仔细阅读

＿＿ 年 ＿＿ 月 ＿＿ 日·记录宝宝的喂养、排便、身高体重、成长进步或你的心得。

说明书，给药时一定使用你所用药物中附送的滴管或药杯，用毫升作为单位量取药物永远比用茶匙更精确。

注：婴儿布洛芬和儿童布洛芬的配方浓度不同（请参考以下剂量表）。婴儿对乙酰氨基酚和儿童对乙酰氨基酚的配方浓度相同。

对乙酰氨基酚剂量表

体重 / 大概年龄	混悬滴剂 / 混悬液（160 毫克 /5 毫升）
2.7 ~ 5.0 千克 /0 ~ 5 个月大	1.25 毫升
5.5 ~ 7.7 千克 /6 ~ 11 个月大	2.5 毫升
8.2 ~ 10.4 千克 /12 ~ 23 个月大	3.75 毫升
10.9 ~ 15.9 千克 /2 ~ 3 岁	5 毫升

注：1. 不满 3 个月大的婴儿发热不要自行服药，要立即就诊
2. 根据需要，对乙酰氨基酚可以每 4 ~ 6 小时给药一次，每天不超过 5 次。

布洛芬剂量表

体重 / 大概年龄	婴儿混悬滴剂 （50 毫克 /1.25 毫升）	儿童混悬液 （100 毫克 /5 毫升）
2.7 ~ 5.0kg/0 ~ 5 个月大	不适用	不适用
5.5 ~ 7.7kg/6 ~ 11 个月大	1.25 毫升	2.5 毫升
8.2 ~ 10.4kg/12 ~ 23 个月大	1.875 毫升（1.25 毫升 + 0.625 毫升）	3.75 毫升
10.9 ~ 15.9kg/2 ~ 3 岁	2.50 毫升（1.25 毫升 + 1.25 毫升）	5 毫升

注：根据需要，布洛芬可以每 6 ~ 8 小时给药一次，每天不超过 4 次。

✚ 对于大一些的婴儿和幼儿，如果他们在体温下降后仍然状态不佳，或服药已经超过 4 天但体温仍高，请带他去看儿科医生。

101

___ 年 ___ 月 ___ 日 · 记录宝宝的喂养、排便、身高体重、成长进步或你的心得。

防止错误服药

☐ 认真阅读药品说明书。

☐ 给药时一定使用所用药物中附送的滴管或药杯。

☐ 如果不确定宝宝的正确服药剂量，请咨询儿科医生。

☐ 记录宝宝的服药时间和剂量。

☐ 不要在未咨询医生的情况下一次给宝宝服用两种或两种以上的药物。

☐ 将所有药物保存在宝宝够不到的地方。

☐ 确保所有照料人都知道宝宝的服药剂量和服药时间。

---

70. 宝宝吃了退热药还是发热，我该怎么办？

如果宝宝在服用退热药后状态变好，哪怕他还在发热，一般情况下也没关系。宝宝的表现往往比具体的体温数值更重要。你可以咨询儿科医生（或参考上一个问题中的剂量表），以确保你给宝宝服用了足量的药物，因为随着宝宝长大，他的体重也会增加，所以服药剂量也要相应增加。给宝宝摄入充足的液体或者使用下一个问题答案中的方法都有助于降低体温。有时候儿科医生或许会建议你更换退热药（比如把对乙酰氨基酚换成布洛芬）。另外，你要确保没有给宝宝重复服用含有同样有效成分的药物（比如两种都含有对乙酰氨基酚的退热药）。

✚ 我还要再强调一遍，如果不满 3 个月大的宝宝出现发热，不要擅自服药，请立刻带他去看儿科医生或去看急诊。

_____ 年 _____ 月 _____ 日·记录宝宝的喂养、排便、身高体重、成长进步或你的心得。

✚ 如果满 3 个月大的宝宝在服用一剂退热药后状态不好，请带他去看儿科医生。或许他得的不是简单的病毒感染，儿科医生可能需要对宝宝的病情进行评估。

71. 除了给发热的宝宝吃药，我还能做什么？

就像在炎热的太阳下玩耍，发热产生的高温有时可以让宝宝出汗，通过皮肤丧失大量的水分。为了补充这些通过皮肤丢失的水分，要让宝宝摄入充足的液体（如水、母乳、配方奶，或口服补液盐溶液），以防脱水。凉爽的液体不但能让他感到舒服，还能补充体内所需水分。哪怕宝宝不想吃东西，他也应该持续摄入液体。

在宝宝发热时，不要给他穿得太多，或包裹得太多、太紧，以免体温升得更高。大一点的宝宝发热时，给他脱掉几件衣服可能会有所帮助，这样他就可以通过皮肤散发热量。对于小宝宝，你可以给他穿一层薄衣服，外盖一层薄毯子。拿用温水蘸湿的海绵擦拭宝宝的皮肤，也可以帮助退热。但是，如果宝宝觉得冷或开始发抖，要停止海绵擦浴，或使用热一些的水。

引起发热的其他原因

72. 出牙会引起发热吗？

虽然一些家长发现他们的宝宝在出牙时"摸着有些热"，或低热，但

103

事实上，出牙本身并不会引起发热。如果宝宝在出牙时发热，很可能是由于其他原因造成的，比如感冒或其他疾病，只是它们还未显示出其他症状。出牙虽然不会引起发热，但往往会引起其他不适，当牙齿钻出敏感的牙龈时，宝宝会大量流口水、烦躁不安。对于被出牙困扰的婴儿（甚至幼儿），可以给他们服用适量的对乙酰氨基酚，还可以让他们咀嚼冷藏过的凉磨牙圈（不要用冷冻的磨牙圈，因为这会让磨牙圈温度过低，损伤宝宝的牙龈）。

73. 宝宝接种疫苗后发热，我应该担心吗？

疫苗很重要，因为它们可以预防宝宝患上一些危险或致命的疾病。疫苗很安全，一般很少出现严重不良反应。有些人在接种疫苗后或许会有轻微的症状，比如低热或烦躁，不过幸运的是，这些症状不会持续很长时间。另外，接种部位还可能出现红肿或其他不适；接种疫苗的一个相对常见的不良反应是，接种部位出现豌豆大小的皮下肿块，这并不危险，几周后就会消失。

有些婴儿或幼儿在接种疫苗后会发热。如果体温不是太高而且没有其他症状的话并不危险。如果宝宝的体温超过 38℃，而且看起来很不舒服，你可以给他服用适量的对乙酰氨基酚。

✚　　不满 3 个月的宝宝在接种疫苗后发热，请带他去看儿科医生，因为在这种情况下应该让医生进行评估。对于大一点的婴儿和幼儿，如果发热持续 24 小时以上，或体温超过 39℃，也请带他去看儿科医生。

✒ ___ 年 ___ 月 ___ 日·记录宝宝的喂养、排便、身高体重、成长进步或你的心得。

＋ 如果宝宝出现全身性皮疹、抽风、接种部位周围或接种肢体的末端出现大面积肿胀、持续哭闹很长时间或极度嗜睡等非常罕见的疫苗不良反应，也要带他去看儿科医生。

74. 高热会损伤大脑吗？

发热导致大脑损伤是一种夸张的民间说法。感染引起的典型儿童发热不会损伤大脑。只有当体温极高，比如达到42.2℃时，才会对大脑造成损伤。这通常发生在高温环境下，比如炎热天气下封闭的汽车里；而普通的疾病，比如感冒或耳部感染，一般不会造成如此高的体温。

75. 什么是热性惊厥？

热性惊厥是体温迅速上升时发生的抽风样表现。在6个月到5岁大的宝宝中，发生热性惊厥的概率不到5%。当宝宝的体温极速升高时，他就有可能发生热性惊厥。事实上，很多宝宝是在出现抽风症状父母带他们去医院看病，医生给他们测体温时才被发现发热的。

抽风对父母来说的确很吓人，但是热性惊厥极少发生危险，并且一般不会持续超过15分钟。热性惊厥不会损伤大脑，也不会影响宝宝将来的智力和行为。热性惊厥并不一定会发展成为癫痫。每3个发生热性惊厥的孩子里大约有1个可能再次发生惊厥（即抽风），尤其当他有惊厥家族史时。坏消息是，当宝宝发热时给他服用对乙酰氨基酚或布洛芬等退热药，似乎并不能降低以后再次发生热性惊厥的风险。如果宝宝发生过热性惊厥，请

105

✒ ＿＿ 年 ＿＿ 月 ＿＿ 日·记录宝宝的喂养、排便、身高体重、成长进步或你的心得。

咨询儿科医生以获取更多信息。不过请放心，几乎所有的宝宝长大后都不会再发生热性惊厥。

＋ 当宝宝第一次出现抽风时，请带他去看儿科医生，这样医生可以对他进行全面评估。如果宝宝曾经发生过热性惊厥，你可以咨询儿科医生，了解以后再次发热或出现热性惊厥时应该如何应对，以及当某次抽风的表现与以往不同时是否需要带他去看医生。

106

第8章

感冒、咳嗽及五官相关问题

　　有些宝宝在幼儿阶段会经常咳嗽，还会流鼻涕。当他们看起来好一些后，回到托儿所或幼儿园，或是参加生日聚会后没几天，又会染上某种疾病。幸运的是，小家伙们接种过的疫苗能够保护他们，预防多种危险或致命的疾病，现在能够轻易感染他们的疾病一般都会自愈（虽然在痊愈前可能会传染给家人）。

　　宝宝生病确实很麻烦，尤其每次生病似乎总会赶上重要会议或全家旅行，或是发生在某个重大活动前。所以，你要知道什么时候可以不用着急带孩子去医院，什么时候应该立刻带他去医院。本章列举了父母和其他看护者关于感冒、咳嗽以及其他类似疾病最常见的问题。

感冒和咳嗽

76. 怎样判断宝宝是否生病了？

虽然小一些的宝宝在不舒服的时候不能用语言表达出来，但是他的行为改变会告诉你他不舒服。这种改变，有时不易察觉，有时则显而易见。宝宝生病的表现可能是吃奶减少、哭闹更多、睡眠变多或变少、呼吸变快，或者只是"看起来不太对劲"。

✚ | 如果新生的宝宝发热，请立刻带他去看儿科医生。

以下是其他需要咨询儿科医生的情况。

☐ 过度烦躁不安；

☐ 持续哭闹；

☐ 吃奶很少；

☐ 极度嗜睡；

☐ 呼吸很快；

☐ 尿湿的尿布数量减少；

☐ 呕吐；

___ 年 ___ 月 ___ 日·记录宝宝的喂养、排便、身高体重、成长进步或你的心得。

✚ □ 吃奶时出汗；

□ 任何皮肤部位呈现青紫色，尤其是口周。

77. 为什么宝宝老生病？是不是他的免疫系统有什么问题？

即使是免疫系统正常的宝宝，一年的患病次数也在 10 次左右，尤其当他们上了托儿所或幼儿园之后。夏天的时候好一些，但是在冬天，他们常常每 2～3 周就会患一次病，每次的持续时间在 1～2 周，所以你会认为他们总是生病。大多数儿童常见病（如感冒和咳嗽）是由病毒引起的，可以自愈。宝宝的朋友或同学会将感冒病毒传染给他，这些病毒可以在物体表面存活好几个小时，并且能够轻易在人与人之间传播。另外，宝宝们往往在出现症状前就具有传染性了，所以，即使看起来没有生病，他们仍然可以传播病毒或细菌。

如果你的宝宝像上述那样频繁生病，虽然这很麻烦，不过他的免疫系统有问题的可能性很小。有免疫系统问题的宝宝常常反复感染不太常见的

帮助宝宝远离病菌

□ 玩耍后、到家后、吃饭前、如厕后要洗手。

□ 随身携带免洗洗手液或湿巾，在没有肥皂和清水时使用。

□ 提醒宝宝在咳嗽时用肘部内侧挡住口鼻，擤鼻涕后洗净双手。

□ 使用杀菌清洁剂彻底擦拭家中的公用物品（如门把手、台面、电话以及电器）表面。

✎ ___ 年 ___ 月 ___ 日 · 记录宝宝的喂养、排便、身高体重、成长进步或你的心得。

疾病，比如严重的肺炎、皮肤脓肿或脑膜炎（这些疾病通常需要住院治疗）。

如果婴幼儿由于严重的感染而多次住院，并且都需要使用抗生素进行治疗，请咨询儿科医生，看看宝宝是否需要接受某些特殊的检查。

78. 宝宝感冒了，可以给他服用非处方感冒药吗？

一般不建议给婴儿和幼儿服用非处方感冒药（以及咳嗽药），因为没有证据表明这些药物能够起到治疗作用，反而可能引起一些不良反应。在给宝宝服用任何药物前请咨询儿科医生。

如果感冒让宝宝烦躁不安，这可能是鼻塞造成的。设法疏通堵塞的鼻子，这样他就可以轻松地呼吸了。可以在每侧鼻腔内滴入 1～2 滴鼻腔生理盐水来稀释鼻涕，助其排出。如果鼻涕影响了睡眠或进食，可以用婴儿吸鼻器将其轻轻吸出。虽然宝宝不会喜欢这样，不过鼻涕被清理干净后，他就会感觉好一些。使用加湿器也会有所帮助。（缓解鼻塞和为宝宝吸鼻涕的更多窍门请参见第 12 个问题。）

与其他情况一样，当宝宝生病时，请确保他摄入足够的水分。

＋ 如果出现以下情况，请带宝宝去看儿科医生。

□ 不满 3 个月大的小婴儿出现感冒症状并影响吃奶或睡眠，呼吸困难或发热。

□ 超过 3 个月大的婴儿持续发热 3～4 天，感冒症状持续 5～7 天，呼吸很快或看起来呼吸很费力。

＿＿ 年 ＿＿ 月 ＿＿ 日 · 记录宝宝的喂养、排便、身高体重、成长进步或你的心得。

✚ □ 幼儿的感冒症状（如咳嗽和流鼻涕）常常会持续一周以上，这一般没有问题。但是如果 5 ~ 7 天后症状加重，流鼻涕或鼻塞在 10 天后没有好转，或感冒让幼儿晚上睡不着觉，请带他去看儿科医生。另外，如果幼儿发热超过 4 天，或者感冒几天后出现发热的症状，请带他就医。

79. 宝宝感冒时会发生咳嗽和哮鸣，他是得了哮喘吗？

有可能。感冒是婴幼儿发生哮鸣最常见的原因。他们狭小的气道很容易因为感染而发炎并变窄。有时，婴儿或较小的幼儿感染某种病毒会发生哮鸣，这可能是患上了细支气管炎（更多信息请参见下一个问题）。如果哮鸣多次发作，或在几个月或几年内重复发作，多数医生就会称之为哮喘。如果宝宝频繁哮鸣或哮鸣反复发作，他或许需要使用治疗哮喘的药物让呼吸变得顺畅，并且预防哮鸣再次发作。当宝宝哮喘发作时，可以通过喷雾器或吸入器吸入支气管扩张剂（如硫酸沙丁胺醇或左旋沙丁胺醇），以帮助扩张气道，让呼吸变得顺畅。

如果宝宝在使用支气管扩张剂后，哮鸣仍旧反复发作或只是略有好转，那么他可能需要口服几天激素类药物，以减轻肺部炎症并减少肺部黏液。医生或许会为哮鸣频繁发作或病情非常严重的宝宝开具每天都需要摄入的药物（吸入的或口服的），以保护宝宝的气道，防止哮鸣在全年或至少在冬季发作（因为冬季是感冒的流行季节）。宝宝长大后，气道会变粗，哮鸣可能会消失。如果有哮喘、过敏或湿疹的家族病史，宝宝的哮鸣症状可

___ 年 ___ 月 ___ 日·记录宝宝的喂养、排便、身高体重、成长进步或你的心得。

能会长期存在，还有可能被正式确诊为哮喘。

＋ ｜　　如果宝宝出现哮鸣，请带他去看儿科医生，医生会对他进行相关检查并制订合适的治疗方案。

80. 什么是呼吸道合胞病毒？如何预防呼吸道合胞病毒感染？

呼吸道合胞病毒会导致大一点的孩子或成年人患上感冒，并产生大量黏稠的鼻涕，冬季常见。根据年龄和既往病史（如早产、患有心脏病或肺部疾病等）的不同，小一点的孩子在感染后病情轻重不等，可以是轻微的感冒，也可以是严重的肺部问题。

新生儿和婴儿在感染呼吸道合胞病毒后可出现细支气管炎。细支气管炎可以引发哮鸣和其他非常严重的呼吸问题，尤其是早产的宝宝和患有心脏或肺部疾病的宝宝。这些高风险宝宝可以通过注射帕利珠单抗来预防呼吸道合胞病毒感染，从10月到次年4月，每月注射一次，你可以就此问题向儿科医生进行咨询。

大多数的幼儿和学龄前儿童在感染呼吸道合胞病毒后会出现大量黏稠的鼻涕，有些可能会表现为细支气管炎（像新生儿和婴儿一样），但是经过儿科医生检查后，通常可以居家护理。只要呼吸道合胞病毒感染没有引发呼吸困难，就可以自愈。关于应对呼吸道合胞病毒感染和细支气管炎的窍门请参见下一个问题。呼吸道合胞病毒传染性极强，所以最好不要让患病的幼儿靠近新生儿，并且要让他勤洗手。

81. 如果宝宝感染了呼吸道合胞病毒，该如何治疗？

到目前为止，还没有药物可以杀死呼吸道合胞病毒。如果宝宝感染了这种病毒，只能对症处理。如果宝宝鼻塞很严重，你可以采取方法帮宝宝把鼻涕清理出来。如果宝宝因为发热而不舒服，可以参考第 7 章的相关内容进行护理，要确保宝宝摄入足够的水分，并注意休息。

以前，医生治疗呼吸道合胞病毒引起的哮鸣和治疗哮喘引起的哮鸣所用的药物是一样的，但是现在已经明确，治疗哮喘的药物不能有效治疗呼吸道合胞病毒感染引发的哮鸣。

有些宝宝在感染呼吸道合胞病毒后会出现严重的呼吸困难，表现为呼吸急促、张口抬肩，还有的宝宝会难以吃奶或进食。对于这样的宝宝，医生往往建议住院治疗。

＋ 如果出现以下情况，请立刻带宝宝去看儿科医生。

　　□ 新生儿或婴儿出现感冒症状，并且呼吸急促（呼吸频率超过每分钟 60 次）；

　　□ 出现哮鸣音或胸部皮肤伴随呼吸内凹；

　　□ 进食困难，不能喝水，或难以入睡；

　　□ 尿量减少（24 小时内仅尿湿 3 片或不到 3 片尿布）。

＿＿ 年 ＿＿ 月 ＿＿ 日·记录宝宝的喂养、排便、身高体重、成长进步或你的心得。

82. 宝宝咳嗽得很厉害，应该带他去看医生吗？怎样才能判断他是否得了肺炎？

对宝宝来说，许多咳嗽都是由感冒时鼻涕倒流引起的，并不是真正的肺炎。一般来说，如果宝宝流鼻涕，在咳嗽的间歇状态良好，你可以先居家观察他的表现。虽然有时咳嗽会持续几周，但4～5天后应该不会继续加重。如果宝宝出现了呼吸急促，1周后咳嗽没有好转或者继续加重，或者出现了发热，请一定带他去医院做检查，因为这可能是肺炎造成的，这种情况或许需要使用抗生素进行治疗。

✚ 如果宝宝存在哮鸣、胸部皮肤伴随呼吸内凹、呼吸时肚子上下起伏明显、胸口疼等表现，请立刻带他去看医生。如果宝宝因为咳嗽而彻夜难眠，或出现高热，也请带他去看医生。

83. 宝宝半夜醒来发出可怕的咳嗽声，类似海豹叫，这是什么病？

一般来说，发出"海豹叫"代表哮吼症。哮吼症是一种由病毒感染引起的上呼吸道和气管（不是肺部）的肿胀造成的。大一些的孩子和成年人一般只会出现大声咳嗽、声音嘶哑或感冒的症状。因为这是一种病毒感染性疾病，所以抗生素不起作用。

新生儿、婴儿和幼儿感染这种病毒后，有时会严重发炎，引发鸣音（呼吸时出现的大而刺耳的声音）。一般来说，咳嗽在感染后第2天或第3天

___年 ___月 ___日·记录宝宝的喂养、排便、身高体重、成长进步或你的心得。

晚上最为严重。如果出现这种情况，哪怕宝宝在白天看起来状态不错，你也需要向儿科医生咨询是否需要治疗。

为了减轻鸣音，当晚上空气变得凉爽一些时，你可以带宝宝在户外待上 20 分钟，或是在充满水蒸气的浴室里待上 20 分钟。晚上睡觉时打开宝宝卧室的加湿器也会有所帮助。

+ 如果宝宝的鸣音没有好转或继续加重，而且出现了高热、不能很好地吞咽或流口水等情况，请立刻带他去看儿科医生或去看急诊。宝宝或许需要使用激素类药物或接受特殊的雾化吸入治疗，以减轻气道的炎症，让他的呼吸变得顺畅。

84. 如何缓解宝宝的咳嗽？

我能够理解，作为家长，听到宝宝咳嗽会很难受，尤其是在半夜。如果咳嗽对宝宝的影响不大，宝宝没有呼吸困难，状态良好，晚上睡觉也很好，那就不用太过担心，多给他一些时间，让疾病自行好转。

咳嗽是由某种物质（要么是感染病菌后体内产生的分泌物，要么是环境中的某些东西）刺激气道引起的。当刺激物消失后，咳嗽也会停止。如果咳嗽对宝宝的生活造成了严重影响（比如不舒服、彻夜难眠等），你可以用一些方法来缓解咳嗽。

一般来说，不要给婴儿、幼儿和更大的儿童吃非处方止咳药（哪怕是那些标注了对儿童适用的），因为没有证据表明非处方止咳药可以有效减轻咳嗽症状，相反，它们可能产生某些不良反应，如果服用太过频繁还可能引发严重问题。哪怕是标注为"天然"的药物也不一定对咳嗽有效，其中的一些成分还可能对孩子造成伤害。

有一些方法是比较安全的，你可以试一下。吸出鼻涕、摄入足够的液体以及好好休息都会有所帮助。在孩子的鼻腔内滴入鼻腔生理盐水可以稀释鼻涕并缓解咳嗽，呼吸淋浴间的水蒸气也有同样的效果。如果家中比较干燥，可以使用加湿器（记得定期清洁加湿器，以防细菌滋生）。给大一些的婴儿和幼儿每隔6小时左右喝1~3茶匙的温热液体（如水、果汁、花草茶），也可以缓解咳嗽。

关于蜂蜜的重要提示

不要给新生儿或婴儿吃蜂蜜。婴儿吃蜂蜜会引起肉毒杆菌中毒，这种疾病可以导致虚弱无力或瘫痪，甚至需要进行气管插管和鼻饲。

宝宝夜间咳嗽怎么办？

没有发热或其他症状的夜间咳嗽可能不是感染造成的。咳嗽，尤其是夜间咳嗽，常常是哮喘的一个常见表现。咳嗽也可能是宝宝在平躺时有液体从鼻腔或鼻窦流入喉咙造成的，这或许与过敏或感染（感冒或鼻窦炎）有关。请带宝宝去看医生，医生通过了解病史和进行相关检查，可以确定原因并根据需要进行治疗。

＿＿ 年 ＿＿ 月 ＿＿ 日·记录宝宝的喂养、排便、身高体重、成长进步或你的心得。

给 1 岁以上的宝宝喝蜂蜜也有帮助。有证据表明，根据需要给宝宝喝半茶匙到 1 茶匙蜂蜜可以减少夜间咳嗽，帮助宝宝晚上睡得更安稳。一项关于儿童咳嗽治疗方法的研究发现，蜂蜜比非处方止咳药的效果好，而且味道很棒！

眼睛、耳朵、嘴巴和鼻子的相关问题

85. 宝宝起床时眼睛发红，还有绿色的分泌物。这是红眼病吗？需要使用眼药水吗？他什么时候才能去上托儿所或幼儿园？

红眼病（结膜炎）就像眼睛的感冒。它的传染性很强，由于孩子们经常用污染的手触摸眼睛，所以红眼病容易在孩子之间传播。它可能由病毒引起，也可能由细菌引起；病毒引起的会自愈，细菌引起的需要使用抗生素进行治疗。一个经验性原则是，如果眼部出现黄色或绿色的分泌物，尤其是睡醒时眼皮被粘住了，或分泌物被擦去几分钟后又再次出现，就需要使用抗生素类眼药了。如果只是眼睛发红，没有分泌物，或分泌物是透明的，你可以让宝宝先居家观察，这种症状应该在几天后自行消失。如果宝宝还伴有感冒或发热，感觉不舒服或状态不佳，请带他去看儿科医生，因为耳部或鼻窦感染有时会与眼部感染一同发生。一般情况下，在眼部发红或分泌物消失的 24 小时后，宝宝就可以去托儿所或幼儿园了。

86. 宝宝感冒了，并且总是拽耳朵。这是耳朵发炎了吗？要不要使用抗生素？

一般来说，拽耳朵并不能判断就是耳朵发炎了。不过，如果宝宝已经感冒了好几天，又开始发热，烦躁不安，夜醒频繁，或饮食减少，最好带他去检查一下耳朵。哪怕昨天他刚刚因为感冒去看过医生，也要再检查一下。耳部感染可以发生在一夜之间，所以在一天内，耳部检查的结果就可能发生变化。耳部检查很重要，因为它可以帮助医生确定是否需要使用抗生素，如果需要的话，使用哪一种。不是所有的耳部感染都需要使用抗生素，有些病毒性耳部感染可以自愈。根据宝宝的年龄、其他症状（如发热或疼痛）以及耳部检查的结果，儿科医生会决定是需要使用抗生素还是可以先等等看。如果在等待期间，宝宝出现发热、疼痛或其他症状，或现有症状加重，宝宝就可能需要在咨询医生后开始治疗。儿科医生可能会建议你几天后或治疗结束后带宝宝回医院再次检查耳朵，以判断感染是否已经消失。

有些宝宝确实容易患上耳部感染。某些特定因素会增加宝宝耳部感染的风险，比如含着奶瓶入睡、上托儿所或幼儿园，以及处于二手烟的环境中等。如何才能降低宝宝耳部感染的风险呢？如果可能的话，请使用以下方法。

☐ 不要让宝宝含着奶瓶上床睡觉。

☐ 不要让宝宝处于二手烟的环境中。

___ 年 ___ 月 ___ 日 · 记录宝宝的喂养、排便、身高体重、成长进步或你的心得。

□ 在宝宝 6 个月大以后减少或停止使用安抚奶嘴（这已被证明能够减少耳部感染的重复发作）。

□ 给宝宝接种肺炎链球菌疫苗和流感疫苗。除了能够预防肺炎和流感外，接种这些疫苗还可以降低宝宝在呼吸道疾病高发季患上耳部感染的概率。

□ 坚持母乳喂养至少到宝宝 4 ~ 6 个月大。

87. 宝宝容易发生耳部感染，需要给他安装耳管吗？

可能需要。耳管（有时也称为鼓膜通气管或鼓膜造口管）可以大幅降低宝宝耳部感染的次数，并能预防失聪，它能为经常发生耳部感染的宝宝的（还有你的）生活带来神奇的改变。如果宝宝有以下情况，儿科医生或许会建议你咨询专科医生，看看是否需要为宝宝安装耳管。

□ 半年之内至少发生 3 次耳部感染，或 1 年之内耳部感染超过 4 次（过去 3 个月内感染过 1 次），尤其当宝宝存在鼓膜破裂或对抗生素过敏时。

□ 鼓膜后侧持续 3 个月出现液体。

□ 听力困难或语言发育迟缓。

安装耳管是一项简单的手术。医生会在宝宝的鼓膜上放置一些微小的管子（管子非常短小，更像是金属圈），这样便可以使空气进入中耳，并在需要时让中耳内的液体流出来。一段时间后，这些小管子会自动脱落，鼓膜会自动愈合。

119

____ 年 ____ 月 ____ 日 · 记录宝宝的喂养、排便、身高体重、成长进步或你的心得。

中耳炎和外耳道感染

中耳炎

鼓膜后侧的液体发生细菌感染时就会发生中耳炎。宝宝感冒时更容易发生此类感染。

外耳道感染

外耳道进水或外伤（比如掏耳朵造成外耳道皮肤受损）是常见的诱发因素。外耳道感染会令人非常痛苦，尤其当你触摸或拉拽耳朵时。可以使用抗生素滴耳液治疗。

---

88. 宝宝耳朵感染了，他什么时候才能泡澡或游泳？

这取决于宝宝患的是什么类型的耳部感染。小一些的宝宝耳部感染，多数情况下是中耳炎，也就是说感染发生在鼓膜后侧。这种情况下，泡澡或游泳不会加重耳部感染或阻碍其好转。如果宝宝的耳朵有分泌物流出，或者宝宝存在鼓膜穿孔或破裂，那么医生或许会建议你不要让宝宝游泳，不要将宝宝的头泡在水中，给宝宝泡澡时不要把水从他的头上浇下来，而且不要做任何可能会让水流入外耳道的事情。如果宝宝患的是外耳道感染，医生可能会建议你在恢复期的几天内，不要让宝宝游泳或让水进入他的耳朵；可以泡澡，但是不要让宝宝的头浸入水中。

✚　如果宝宝在游泳时看起来不舒服，或在泡澡时水流入耳朵引起疼痛，请停止游泳或泡澡，让儿科医生对宝宝进行检查。

＿＿ 年 ＿＿ 月 ＿＿ 日·记录宝宝的喂养、排便、身高体重、成长进步或你的心得。

89. 宝宝发热时拒绝喝水，我觉得可能是他的喉咙或嘴巴很疼，这时该怎么办？

许多感染都能让宝宝嘴巴或喉咙疼痛。对于不满 3 岁的宝宝，多数感染都是病毒导致的，一周左右就可以自愈。重要的是让宝宝保持水分，所以他想喝什么就喝什么。有些宝宝需要一点鼓励，但是多数宝宝都可以哄着用吸管喝一点。冰棒也很管用！儿科医生可能也会建议你给宝宝服用对乙酰氨基酚或布洛芬以缓解疼痛。

以下是常见的可引起宝宝喉咙或嘴巴疼痛的疾病。

□ **手足口病**：除了持续几天的发热以及嘴巴疼痛外，手部、足部，有时还有尿布包裹的部位，常常会出现水泡状皮疹。触碰皮疹可能会引发疼痛，尤其是长在足底的皮疹，所以患有手足口病的宝宝往往不愿意走路。不过幸运的是，不适感很快就会消失，不需要在皮疹处涂抹任何药物。这些症状都是由柯萨奇病毒引起的，能够自愈。儿科医生可能会建议你给宝宝服用对乙酰氨基酚或布洛芬以缓解不适。

□ **咽喉炎和红眼病（结膜炎）**：这两种疾病一般也是由病毒引起的，更确切的说是腺病毒引起的。感染这种病毒后，咽后壁看起来很红，甚至可能化脓。这不是脓毒性咽喉炎（脓毒性咽喉炎是由细菌感染引起的），不需要使用抗生素治疗。腺病毒还会引起结膜炎，这种结膜炎不需要治疗，可以自愈。腺病毒还能引起耳部感染和肠胃不适。

□ **严重的口腔溃疡**：虽然多种病毒都可以导致口腔溃疡，但导致儿童

___ 年 ___ 月 ___ 日 · 记录宝宝的喂养、排便、身高体重、成长进步或你的心得。

口腔溃疡最常见的病原体是疱疹病毒。某些情况下，医生可能会给患口腔溃疡的宝宝开某种抗病毒药物或强效止疼药。鼓励宝宝摄入液体十分重要。虽然所有人都尽了最大的努力，但是有些宝宝还是会非常难受，以至于完全不能喝任何东西，在这种情况下，宝宝可能需要住院接受静脉补液。

□ **脓毒性咽喉炎**：脓毒性咽喉炎是由链球菌导致的，在 3 岁以下的宝宝中并不常见，除非亲近的家庭成员感染后传染给了他。脓毒性咽喉炎的主要症状是发热和嗓子疼，还可能会有肚子疼、头疼、呕吐和皮疹等症状。伴有皮疹的脓毒性咽喉炎称为猩红热。这听起来很可怕，但是治疗猩红热的抗生素与治疗普通脓毒性咽喉炎的抗生素是一样的。现在，猩红热已经不再是一种危险的疾病了，这一点可以让家里的老人们放心。

✚　与之前提到的一样，如果新生儿发热、吃奶减少、连续 2 次拒绝吃奶或者看起来病恹恹的，请带他去看儿科医生。

　　对于 3 个月以上的宝宝，如果发热超过 3 天，摄入水分不足，或者看起来病得很重，请带他去看儿科医生。

90. 宝宝流绿色的浓鼻涕，需要使用抗生素治疗吗？

也许你的母亲曾经告诉过你，出现绿色的浓鼻涕时要使用抗生素，但事实不一定总是如此。许多病毒感染都可以导致绿色的浓鼻涕，但它们可以自愈。如果宝宝在流清鼻涕 1 ~ 2 周后鼻涕的颜色变绿，或者他在流鼻涕的前几天从未发热，之后却突然发热，又或者他看起来很难受（比如烦

✐ ___ 年 ___ 月 ___ 日·记录宝宝的喂养、排便、身高体重、成长进步或你的心得。

躁不安或易怒），这时你要带他去医院，让医生检查一下，因为他可能患上了鼻窦炎或耳部感染。不要擅自给宝宝使用抗生素，必须先请医生对宝宝进行检查，这样才能准确地了解病情并对症治疗。

___ 年 ___ 月 ___ 日·记录宝宝的喂养、排便、身高体重、成长进步或你的心得。

第9章

疫苗接种

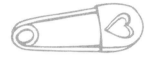

　　我能理解作为一名母亲，看着小宝宝在打针时嚎啕大哭会很心疼。关于疫苗的观点有很多。你可能会想起自己患过小儿麻痹症的祖父，他虽然保住了性命，却需要拄着拐走路；你还可能会想起几年前在游乐园里爆发的麻疹；你可能还会想，"不过我邻居的表亲说过疫苗不安全"等。基于以上原因，本章列举了新手父母关于疫苗咨询最多的一些问题。

91. 宝宝的看护人应该接种什么疫苗？

每位照顾新生宝宝的人都应该对百日咳和流感具有免疫力，这一点很重要，因为这两种疾病都可以对小宝宝造成严重影响，导致其呼吸困难甚至死亡。在孕期接种这两种疫苗都很安全，既可以保护妈妈也能够保护宝宝。虽然流感疫苗在孕期的任何时间都可以接种（最好在流感流行季节刚开始时接种），但是百日咳疫苗应该在孕期的最后 3 个月接种，这样妈妈就可以在宝宝出生前将抗体传递给宝宝了。

随着时间的推移，许多成年人对百日咳的免疫力（无论你是曾经接种过百日咳疫苗还是感染过百日咳）都已经消失，所以他们不再能够抵御百日咳杆菌的感染。成年人在感染后往往会持续咳嗽，在把病菌传给宝宝前他们都不会意识到这是百日咳，但是宝宝一旦被感染，病情会很严重，甚至可能造成死亡。流感病毒每年都会变异，这会导致你的身体无法识别它，所以也没有办法抵御它的攻击，这就是每年都要接种新流感疫苗的原因。婴儿患流感后病情会非常严重，有时需要住进重症监护病房或插呼吸管来度过危险期。

小婴儿直到 2 个月大以后才能接种第 1 针百日咳疫苗，在 6 个月大前不能接种流感疫苗，所以保护宝宝的最佳方式就是保护好自己。如果你自己、你的家人或宝宝的其他看护人在儿童时期漏打过任何疫苗，你可以在孕期甚至在怀孕前就向医生咨询，让每个人都补种疫苗，以尽可能地为宝宝提供最好的保护。如果宝宝已经出生，也不用担心，可以现在补种疫苗。

126

不要心存侥幸！如果家里的每个人都接种了疫苗，就等于为新生儿建造了一个保护罩，可以降低宝宝感染某些严重疾病的风险。

92. 为什么要给宝宝接种疫苗？

多亏了疫苗，许多曾经导致儿童死亡和残疾的疾病如今在美国已经极其罕见。虽然如此，但它们并未消失，如果人们停止接种疫苗，这些疾病就可能卷土重来。我曾见过很多原本健康的宝宝因为没有及时接种疫苗而病得非常严重，并造成了永久性残疾，甚至死亡。给宝宝接种疫苗，不仅是能够保护宝宝自己，还可以保护处于高风险中的其他人，比如新生儿、正在接受化疗的朋友以及年迈的祖父母和外祖父母。

93. 为什么疫苗的种类那么多？现在的孩子接种的疫苗是不是太多了？

这个问题提得很好。我们现在的确要预防很多疾病，如今在美国，儿童接种的疫苗可以预防 14 种疾病。

当父母们知道自己的孩子接种的所有疫苗加起来都没有我在儿童时期接种的一支疫苗刺激性强时都会大吃一惊。事实确实如此，现在的疫苗对免疫系统的刺激性比过去小了很多。这要归功于疫苗科学的发展，使得疫苗变得越来越纯净，刺激性越来越小。现在的孩子接种的所有疫苗中共有约 150 种蛋白，而我小时候接种的一支疫苗中含有的蛋白就不止这么多。况且，这与孩子们每天在户外环境中接触的病菌相比简直就是九牛一毛。

127

✎ ___ 年 ___ 月 ___ 日·记录宝宝的喂养、排便、身高体重、成长进步或你的心得。

94. 接种疫苗有哪些不良反应？

总体来说，接种疫苗是非常安全的。但是，接种疫苗也可能出现一些轻微的不良反应。有的宝宝在接种某些疫苗的当天或接种后 2 天左右，接种部位可能会有痛感，可能会出现低热，有点爱发脾气，甚至比平时睡得多一些（请享受这一点！）。儿科医生可能会建议，在接种当天的晚些时候，给宝宝服用适量的对乙酰氨基酚（如果宝宝已满 6 个月，也可以服用布洛芬），以缓解疼痛或烦躁不安的情绪。接种疫苗的另一个常见不良反应是，接种部位的皮下出现豌豆大小的肿块。这并不危险，几周后就会消失。

疫苗引起严重不良反应的风险比不接种疫苗而导致严重疾病的风险要小得多。无数研究都已表明接种疫苗是安全的，并且证明疫苗不会引起自闭症或其他任何儿童疾病。在美国，所有建议儿童接种的疫苗都必须经过美国食品药品监督管理局的深入调查，并且必须由其授权；每个批次的疫苗在进入流通领域前都要经过安全性和有效性测试；美国食品药品监督管理局会对生产疫苗的企业定期进行检查。

✚ 如果宝宝在接种疫苗后出现以下任何症状，请带他去看儿科医生。

☐ 发热超过 24 小时或体温高于 39.4℃；

☐ 哭闹超过 3 小时并无法安抚；

☐ 极度嗜睡；

☐ 全身出现皮疹；

128

___ 年 ___ 月 ___ 日 · 记录宝宝的喂养、排便、身高体重、成长进步或你的心得。

☐ 抽风；

☐ 接种部位周围或接种部位的肢体末端出现大面积肿胀。

95. 接种疫苗会导致自闭症吗?

关于接种疫苗和发生自闭症辩论的最终结论是：接种疫苗和自闭症的发生之间没有任何关联。最初声明接种疫苗和发生自闭症有关联的文章，依据的仅仅是对 12 名儿童的观察数据；更糟的是，进一步的调查显示，那些数据中的大部分都是编造的！当人们发现在重复试验中不能获得与文章中相同的数据时，研究组被调查，文章被撤回，相关医生被判违反伦理道德行为罪，并被取消行医资格。从那时起，美国和国外众多合法的研究均表明，接种疫苗与自闭症的发生之间没有关联。

96. 疫苗中是不是含有硫柳汞和铝之类的防腐剂?

硫柳汞是一种以汞为基础的有机化合物，曾被用来防止微生物污染疫苗。人们对硫柳汞进行过深入研究，结果表明，硫柳汞不会在人体内的任何地方残留，对人体无毒；并且在疫苗生产的最后环节也会尽量将其去除，残留量极少。但是，哪怕暴露在极少量的含汞化合物下也会引发人们的担忧，所以美国食品药品监督管理局建议，作为预防措施，疫苗在生产过程中要彻底去除硫柳汞。

现在，多数疫苗在生产过程中已经不再使用硫柳汞了。从 2001 年起，所有儿童疫苗都已经彻底去除硫柳汞了。目前，只有某些品牌的流感疫苗

___ 年 ___ 月 ___ 日·记录宝宝的喂养、排便、身高体重、成长进步或你的心得。

中可能还含有极微量的硫柳汞，如果你对此感到担心，可以咨询医生，选择不含硫柳汞的流感疫苗。

铝是自然界中的常见物质。其实，我们的体内或多或少都含有一些铝元素，日常饮食就会摄入铝。事实上，在宝宝1岁前，通过母乳摄入的铝比他们接种的疫苗中的铝还要多！

97. 疫苗可以推迟接种或分开接种吗？

现行的疫苗接种程序经过了全面的研究和设计，可以为宝宝提供最优的免疫保护。否则，我们也不会推荐接种这些疫苗。如果你推迟给宝宝接种疫苗，那么在每个特定的时间点，宝宝就无法得到恰当的保护。另外，分开接种疫苗意味着你要多跑一趟，宝宝也要多哭一次。一次接种多支疫苗不会对宝宝造成伤害！事实上，有些疫苗一起接种效果更好。小宝宝不会记得任何接种疫苗的经历，反而正是由于你做出了正确的选择，及时为他接种了疫苗，他才能够快乐健康。

98. 宝宝有些流鼻涕，他还能接种疫苗吗？

可以接种！我们建议所有的宝宝都按时接种疫苗，除非他病得很重。小婴儿正常的鼻腔（被鼻涕）堵塞不是接种疫苗的禁忌。即使当宝宝长大一些，出现感冒的症状，只要他没有发热，状态良好，就可以接种疫苗。

+ 对于新生儿，无论你的新生儿近期是否接种过疫苗，如果出现

＿＿ 年 ＿＿ 月 ＿＿ 日·记录宝宝的喂养、排便、身高体重、成长进步或你的心得。

✚ | 发热的症状，请立刻带他去医院让儿科医生为其做检查。

99. 真的需要每年都接种流感疫苗吗？

我们建议所有年满 6 个月的儿童和成年人每年都接种流感疫苗。对于不满 6 个月的宝宝，预防流感的方法是确保所有与他亲密接触的人，如他的兄弟姐妹、祖父母、外祖父母、以及保姆都接种流感疫苗。

宝宝不会因为接种流感疫苗而患上流感。流感疫苗是由灭活病毒制作而成的，其免疫保护原理是让机体熟悉病毒的样子，当它遭遇真正的病毒攻击时会发起反击。流感疫苗中没有活病毒，所以它不会让接种者患上流感。

100. 宝宝对鸡蛋过敏，他还能按免疫程序接种疫苗吗？

大多数对鸡蛋过敏的宝宝仍然可以按免疫程序接种疫苗。只有某些特定的疫苗才含有极微量的鸡蛋蛋白，如果宝宝的过敏表现是吃鸡蛋后会长皮疹，接种这些疫苗一般不会有任何问题。如果宝宝曾经因为鸡蛋过敏而发生过敏性休克，请向儿科医生或过敏症专科医生咨询，看看是否需要在宝宝接种疫苗后密切观察一定的时间。如果宝宝对鸡蛋过敏非常严重，可以先接种小剂量的疫苗，看看他的耐受性如何，就像做皮试一样。

（儿童免疫接种程序详见附录 1 和附录 2。）

🖊 ＿＿ 年 ＿＿ 月 ＿＿ 日 · 记录宝宝的喂养、排便、身高体重、成长进步或你的心得。

第10章

皮肤问题

　　妈妈一定会期待刚出生时的宝宝皮肤光滑柔软、洁净无瑕，有些宝宝确实如此，但是多数情况下，刚出生的宝宝皮肤干燥褶皱，在之后的1年还有可能长出各种各样的疙瘩和斑点。虽然多数疙瘩和斑点都会自愈，但是宝宝在出生后的最初几年内还会出现其他皮肤问题，有些问题是由于天气干燥或香皂的刺激引起的，有些源于各种各样的病毒，还有些皮疹的原因还不甚明确。

　　虽然多数皮肤问题不会对宝宝造成很大的影响，但是父母和其他照料者往往对此感到担忧。我的经验性原则是：如果宝宝不受皮肤问题的影响，那我也不会。不过你还是应该带宝宝去看一下儿科医生，让医生评估一下宝宝的情况，开具何时能够返回托儿所或幼儿园的证明。

下面列举的问题能够帮助你了解婴幼儿较为常见的皮肤问题。

黄疸

101. 什么是新生儿黄疸？新生儿黄疸问题大吗？

新生儿皮肤发黄的现象我们称为"黄疸"。新生儿黄疸非常常见，宝宝的面部往往最先发黄，随后蔓延至全身。宝宝往往在出生后 4 ~ 5 天时黄疸最为严重，随后逐渐好转，不过面部和眼白的黄色（巩膜黄染）会持续 1 ~ 2 周。

多数宝宝在出生后都会发黄，有些会发黄得比较明显。这是红细胞正常分解释放胆红素造成的。因为宝宝排泄胆红素的能力还很不成熟，所以就会有多余的胆红素滞留在血液中，从而引起皮肤发黄。

早产的宝宝（确切地说，是早于预产期 4 周或更长时间出生的宝宝）或在分娩过程中造成出血性损伤（尤其是头部有大块出血性损伤，称为"新生儿头颅血肿"）的宝宝更容易出现黄疸。如果宝宝的兄弟姐妹患过严重的新生儿黄疸、妈妈的血型为 O 型而宝宝的血型与其不同时，发生黄疸的风险会偏高。

虽然大部分新生儿出现黄疸是正常的，但有时黄疸也可能代表某种严重的疾病，比如感染、肝病或血液病。所以，当你发现宝宝黄疸时一定要咨询儿科医生。医生除了会记录简要病史并为宝宝检查身体外，还可能让宝宝做一个简单的血液或皮肤检测，以确定宝宝的胆红素水平，从而决定是否需要进行治疗。

母乳性黄疸最为常见，常发生于宝宝出生后的第一周。它的出现是由于妈妈泌乳不足或宝宝还未掌握吃奶技巧，导致宝宝不能摄入充足的母乳。儿科医生或许会建议你增加母乳喂养的次数，或者暂时给宝宝补充配方奶，以保证他摄入充足的奶液，增加排便，以清除体内的胆红素。需要说明的是，虽然许多妈妈为刚出生的宝宝补充了一些配方奶，但只要她们能够坚持母乳喂养，这就并不妨碍她们最终成功实现母乳喂养。另外，在窗台附近给宝宝喂奶，让宝宝间接地接受阳光照射，对胆红素的分解也有一定的作用。

重要信息：宝宝吃得越多，排便越多，胆红素也会排出越多，黄疸就会消失得越快。

如果黄疸发生在出生 3 ~ 4 周之后就不正常了，此时需要带宝宝去看医生，让医生尽快评估病情，因为这可能代表宝宝得了某种感染性疾病、肝病或血液病。如果婴儿或幼儿的皮肤呈现黄色或橙色，但是眼白没有变色，这种情况一般无须担心，因为此种类型的肤色变化很可能是由于宝宝吃了太多含有胡萝卜素的食物，比如胡萝卜、红薯和南瓜。这种情况下，你会发现宝宝的手掌、脚掌和面部（尤其是鼻尖）比身体其他部位更黄一

___ 年 ___ 月 ___ 日·记录宝宝的喂养、排便、身高体重、成长进步或你的心得。

些。对于这种情况，除了减少黄色和橙色蔬菜的摄入量以及多吃绿色蔬菜外，没有必要采取其他的干预手段。

✚ 　当宝宝的皮肤开始发黄时，请带他去看医生。如果有需要，医生会检测宝宝的胆红素水平。某些情况下，让胆红素水平较高的新生儿摄入更多的奶液或接受特殊的光照治疗会有所帮助。

一些皮疹

102. 哪种护臀膏对尿布疹最有效？

不同类型的尿布疹应当选用不同的护臀膏。在宝宝出生后的第一周，尿布疹往往是由尿液刺激造成的。在宝宝的臀部涂一层含有氧化锌的隔离乳霜，可以有效隔离刺激物，保护宝宝敏感的皮肤。不过，哪怕只是薄薄涂上一层凡士林或不含矿物油的软膏，也可以有效预防多种常见的新生儿皮疹（更不用说还有助于把大便擦得更干净！）。但是，如果宝宝的皮疹表现为鲜艳的粉红色凸起或破损，周围还长有一些小疙瘩，那么宝宝很有可能是感染了酵母菌。这种情况下，你需要使用一种特殊的酵母菌软膏为宝宝进行治疗（参见下一个问题）。如果使用护臀膏 2 ~ 3 天后尿布疹没有缓解，或者你想知道如何治疗最有效，请带宝宝去看儿科医生。

_____ 年 _____ 月 _____ 日·记录宝宝的喂养、排便、身高体重、成长进步或你的心得。

宝宝敏感的臀部

现在许多妈妈会用婴儿湿巾来为宝宝清洁臀部。不含酒精的无香型湿巾是可以使用的，但是如果新生宝宝的臀部皮肤疼痛或出现尿布疹，我建议你用在温水中浸湿的纱布、柔软的纸巾或小毛巾，代替婴儿湿巾，来清洁宝宝的臀部。对于大一点的婴儿和幼儿，如果他们总是出现严重的尿布疹，你也可以这样做。有时暂停使用湿巾几天到一周，用回老方法，使用沾湿的软布或纸巾就能有所帮助。

---

103. 为什么宝宝感染酵母菌后会起皮疹？如何才能将其清除？

酵母菌最喜欢在温暖潮湿的环境中繁殖，比如穿了纸尿裤的宝宝屁股上。典型的酵母菌皮疹呈桃红色或红色，突出于皮面，在皮疹主要区域的周围往往还会延伸出小片的皮疹。酵母菌皮疹是由一种名为白色念珠菌的细菌感染皮肤而引起的。虽然这种酵母菌很常见，并且对宝宝和家长造成了不小的困扰，不过幸运的是，这种细菌并不危险。彻底清除白色念珠菌引发的感染需要使用一种专门的抗真菌软膏。另外，我发现把抗真菌软膏和护臀膏混合在一起使用，能够有效治疗皮疹、保护皮肤。儿科医生也可能会建议你采用另外一种方法：每次给宝宝换纸尿裤时，先在宝宝的臀部涂一层非处方酵母菌软膏，再涂上一层含有氧化锌的护臀膏。

＿＿ 年 ＿＿ 月 ＿＿ 日 · 记录宝宝的喂养、排便、身高体重、成长进步或你的心得。

104. 婴儿的皮肤总是出现疙瘩或斑点，这是怎么回事？我该怎么做？

　　婴儿皮疹种类繁多，虽然大部分都不严重，也能逐渐自愈，但是却可能会影响宝宝百日照的拍摄计划。

　　以下是最为常见的几种婴儿皮疹及其应对措施。

　　新生儿中毒性红斑（新生儿红斑）：这种常见的新生儿皮疹一般发生在宝宝出生后的第 2 ~ 3 天，皮损看起来很像蚊虫叮咬后出现的包，皮肤上会出现多个白色的水泡状凸起，每个水泡周围的皮肤都会泛红。新生儿红斑可能出现在身体的任何部位。虽然没人知道它产生的确切原因，不过你并不需要为此而担心，这种类型的皮疹一般在宝宝 2 ~ 4 周大时就会自愈，在痊愈前无需进行任何治疗。

　　婴儿痤疮：没错，宝宝也会长痤疮！这种并不美观却也没什么危害的婴儿皮疹一般发生在宝宝出生后 3 ~ 4 周时，多数在宝宝 2 ~ 3 个月大时就会缓解。由妈妈传递给宝宝的激素往往是引起婴儿痤疮的原因。多数情况下，婴儿痤疮不需要治疗，只要用清水或温和的无香型婴儿沐浴露轻柔地为宝宝清洗皮肤即可。你可以咨询儿科医生，在参加特殊活动或拍摄纪念照前，是否可以在特定部位使用浓度为 1% 的氢化可的松软膏，每天涂抹 1 次，使用 1 ~ 2 天。不用担心，宝宝在婴儿时期长痤疮并不意味着他在青春期时也会长痤疮。

　　乳痂（脂溢性皮炎）：乳痂基本上等同于宝宝的头皮屑。这些干燥、片状的斑块常见于宝宝的头皮、眉毛以及耳后。如果乳痂比较轻微，可以每天使用非药用婴儿洗发水为宝宝洗头，同时用婴儿毛刷或柔软的毛巾轻刷头皮。市场上有多种婴儿乳痂洗发水可供选择。对于严重的乳痂，医生或许会建议给宝宝使用抗真菌洗发水、少量的成人去屑洗发水或在宝宝的头皮涂抹浓度为 1% 的氢化可的松软膏。需要注意的是，一定不要让宝宝的眼睛接触这些产品。虽然使用凡士林、橄榄油、椰子油或其他植物油也可以软化乳痂，但是如果宝宝的头发过于浓密，这些油腻的东西将很难清除干净。如果宝宝的乳痂令你感到头疼，请务必在宝宝下次体检时咨询一下儿科医生，请他帮你制订一个可行的解决方案。

105. 幼儿浑身起满了皮疹，但是状态正常，需要带他去看医生吗？

造成皮疹的原因有许多，包括感染（比如病毒感染）和接触了刺激性物质（比如肥皂或口水），这些情况下，宝宝除了出皮疹往往没有其他症状。如果宝宝符合以上情况，可以先居家观察几天。多数没有其他伴随症状的皮疹可以自愈，有时甚至在找到原因前就已经痊愈了。

+ 如果宝宝的皮疹逐渐加重、2～3 天内没有好转、开始感觉不舒服、发热或变得病恹恹的，请带他去看儿科医生。

___ 年 ___ 月 ___ 日 · 记录宝宝的喂养、排便、身高体重、成长进步或你的心得。

106. 宝宝发热 3 天，没有其他症状，退热后起了皮疹，我该怎么做？

发热 3 天、退热起疹子是一种典型的儿童期病毒感染的表现，这种病被称为"婴儿玫瑰疹"（又称"幼儿急疹"）。对于这种没有其他症状的发热（体温往往在 39℃以上），父母和儿科医生都想找到原因。约 3 天后孩子就会退热，退热后大概 1 天内会长出玫瑰疹（皮疹平坦，呈粉红色，无瘙痒感，一般从躯干中心长起，逐渐蔓延至四肢），此时答案就会水落石出。当长出皮疹时，孩子就不再具有传染性了，可以恢复正常活动（比如上托儿所或幼儿园）。皮疹一般 3 ~ 4 天内就会消失。

✛ 　如果宝宝的发热和皮疹症状不符合以上特点，或者发热持续 3 天以上，或者宝宝不足 3 个月大，又或者皮疹让宝宝感到不舒服或宝宝看起来病恹恹的，请带他去看儿科医生。

107. 宝宝鼻塞、流鼻涕 1 周后脸上长出一小块蜂蜜色的硬痂疮，这是什么？怎样清除？

宝宝像是长了脓疱疮。这是一种由葡萄球菌或链球菌感染造成的皮肤病。这两种细菌存在于鼻腔和皮肤表面。一般情况下，在感冒、鼻窦炎期间或痊愈后，患儿脸上会长出蜂蜜色的硬痂疮。大量流淌的鼻涕（更不用说宝宝的小手会把鼻涕抹得满脸都是），使这种存在于鼻腔中的细菌有可能感染鼻子周围的皮肤。最好请儿科医生进行诊断并采取正确的治疗方法。

_____ 年 _____ 月 _____ 日·记录宝宝的喂养、排便、身高体重、成长进步或你的心得。

可以使用抗生素软膏进行治疗；如果痂疮很多、感染不断扩散或使用软膏后感染仍旧反复发作，或许需要服用口服抗生素。

108. 宝宝腿上有一块红色凸起，触摸时疼痛，这是什么问题？如何处理？

无论是划伤、擦伤或蚊虫咬伤造成的皮肤破损，都有感染的风险。一旦发现宝宝某处皮肤疼痛、发红或化脓，一定要立刻带他去医院，因为皮肤的细菌感染是非常严重的病症，如果没有得到及时的诊断和治疗，病情可能会迅速发展。

耐甲氧西林金黄色葡萄球菌，同与其他葡萄球菌一样，存在于鼻腔和皮肤表面，不易被察觉，但是仅仅通过擦伤或抓伤的皮肤伤口，这种细菌就能穿过皮肤屏障，引发严重的感染。感染初期，皮损往往像是粉刺或蚊虫叮咬后形成的包，但可能会迅速恶化。另外，这种细菌能够隐藏在你的家中，伺机对所有进入房子的人发动攻击。耐甲氧西林金黄色葡萄球菌引起的皮肤感染非常难治，因为这种细菌对多种常用于皮肤感染的抗生素耐药。医生需要对感染耐甲氧西林金黄色葡萄球菌的患者进行密切的观察并为其使用特殊的抗生素。为防止其他家庭成员也被感染，清除家中残留的细菌，医生可能会建议你采取以下方法。

☐ 在所有家庭成员的鼻腔内使用抗生素软膏（如莫匹罗星软膏），每天 2 次，使用 5 天。

☐ 在浴缸中加入普通浓度的漂白水（每 3.8 升水中加入一茶匙漂白

___ 年 ___ 月 ___ 日·记录宝宝的喂养、排便、身高体重、成长进步或你的心得。

水），泡澡 15 分钟，每周 2 次。但是要确保浴室内空气流通良好，尤其宝宝有哮喘的话。

☐ 每周使用 2 次香皂清洁皮肤。

☐ 每天用热水清洗毛巾、内衣和睡衣并高温烘干。

☐ 剪短指甲并保持指甲清洁，避免挠伤皮肤。

+ 对于所有的皮肤感染,如果出现发热则意味着细菌已经侵入血液,需要立刻去医院就诊。这种情况可能需要住院治疗或静脉输入抗生素。

109. 宝宝的胸口和手臂上长了一些与皮肤颜色相同的、发亮的小疙瘩，而且越来越多，但宝宝看起来没有什么不舒服，这是什么问题？如何处理？

宝宝可能感染了传染性软疣病毒。传染性软疣是一种儿童时期常见的皮肤感染性疾病，通过直接接触传播。感染这种病毒后，皮肤上一般会长出与皮肤颜色相同的、发亮的小丘疹，丘疹的中心有微小的针孔状圆点。这种皮疹从躯干中部长起，逐渐向四肢扩散，偶尔发痒，但多数情况下宝宝不会有什么感觉。传染性软疣一般不会引起并发症，能够自愈，但持续时间较长，有时需要一年或更长的时间才能完全恢复。如果皮疹持续不消，儿科医生可能会给宝宝使用一种名叫斑蝥素乳膏的外用药，或推荐你带宝宝去儿童皮肤科接受治疗。虽然传染性软疣是由病毒引起的，但宝宝仍然

为宝宝防晒

宝宝的皮肤非常敏感，在阳光直射下容易晒伤。为了防止宝宝因晒伤而引起不适并预防将来可能发生的皮肤癌，请给宝宝穿长袖的浅色衣物并尽可能避免阳光直射。尽量在日照最强的时间段（早上10点到下午4点）限制宝宝进行户外活动。你还可以购买具有防晒功能的衣服、帽子和婴儿推车遮阳棚。

对于不满6个月的宝宝，如果无法充分使用衣物和遮阳棚防晒的话，可以在其身体小范围内，比如脸部或手背，涂抹防晒霜。宝宝满6个月后，在外出前30分钟可以给他大面积涂上防晒霜。不含化学屏障、含有氧化锌或二氧化钛、标注为广谱、防晒指数在30或以上的防晒霜往往最适合宝宝使用。无论你购买什么品牌的防晒霜，在给宝宝全身使用前，先在他的后背上试用一下。外出后，你还需要为宝宝补涂防晒霜，建议每1～2小时补涂一次，沾水或出汗后也要补涂。

具有阻挡紫外线功能的太阳镜可以保护宝宝的眼睛，戴上帽子可以保护他的头部。不过让宝宝一直戴着太阳镜和帽子可能会很有难度，所以你可以把它变为一个游戏，或给它起个有趣的名字（比如"机器人眼镜"或"动物园管理员的帽子"）。与此同时，你也要以身作则，自己做好防晒工作。

可以去托儿所、参加活动或上课。但是，如果传染性软疣长在容易与他人接触的部位，则需要将其遮盖。请单独给宝宝洗澡并让他使用自己的毛巾，以降低将病毒传染给其他宝宝的风险。

✚ 　如果宝宝眼部周围长有传染性软疣，请带他去看医生。这种情

143

✎ ＿＿ 年 ＿＿ 月 ＿＿ 日·记录宝宝的喂养、排便、身高体重、成长进步或你的心得。

✚　况可能需要去儿童眼科就诊。另外，如果出现任何感染的迹象（往往由搔抓造成），比如疼痛、发红或化脓，也请带宝宝去医院。

皮肤瘙痒的原因

110. 什么是湿疹？应该如何治疗？

　　湿疹，也称"特应性皮炎"，是一种慢性皮肤过敏，在有哮喘和过敏家族史的婴儿和幼儿中最为常见。湿疹发作时，皮肤部分区域发干发痒、表面粗糙。湿疹严重的话，皮肤还会发红、肿胀、开裂、渗液、结痂或出现鳞屑。许多因素都可以诱发湿疹，包括食物、肥皂、洗涤剂、衣物柔顺剂、温度变化、汗液，甚至是情绪因素。一些孩子只会有偶尔的湿疹发作，而另一些则长期有症状，症状的轻重程度也各不相同。

　　虽然从严格意义上讲，湿疹并不能被治愈，但是宝宝长大后往往能自愈；而且一些方法能够抑制湿疹并预防其反复发作。首先，你要让宝宝远离所有已知的能够引起湿疹的因素。一般来说，湿疹不是由单一因素引起的，而是由多种因素综合导致的。减少宝宝生活环境中所有的致敏物或导致皮肤干燥的因素会有所帮助，而且这并没有看起来那么难以做到。使用不含香料和染色剂的洗涤剂就是方法之一。我们一般不推荐使用衣物柔顺剂。其次，有湿疹的宝宝最好每天洗澡，但是不要使用香皂，因为香皂会使皮肤干燥，可以用温和的无香型沐浴露来代替。给宝宝洗完澡后，用毛

144

巾轻轻蘸干皮肤上的水分，然后在他全身涂上一层软膏或润肤霜（含有神经酰胺成分的效果很好）。最好在洗完澡 3 分钟内、皮肤上的水分还未完全蒸发前涂上润肤霜。

每天给宝宝涂抹 2 次软膏或润肤霜，可以使其皮肤保持水分并能预防湿疹发作。在涂抹软膏或润肤霜前，请确保宝宝的皮肤是湿润的，这样可以达到最好的吸收效果。你也可以在涂抹软膏或润肤霜前用喷雾装置在孩子的皮肤上喷些水。

如果宝宝的湿疹加重，请带他去看儿科医生。医生可能会建议你给宝宝定期或按需使用激素类或非激素类软膏。如果宝宝因为瘙痒而整晚难以入眠，儿科医生可能还会建议你给宝宝使用抗组胺药。

✚ 如果宝宝的皮肤有渗液、化脓、红色加深、触痛等表现，或宝宝开始发热，请带他去看儿科医生。

111. 宝宝在外面吃饭时突然长出许多瘙痒红肿的皮疹（荨麻疹），该怎么办？

如果宝宝对吃下去的食物或接触到的东西出现反应，请务必确保没有同时出现其他更危险的过敏反应，比如哮鸣、吞咽困难、流口水或面部肿胀。如果宝宝只是皮肤上长出一片瘙痒的皮疹，皮疹呈红色，凸起于皮面，皮疹的中部有时会发白，那就很可能是荨麻疹。在摄入或接触某些特定物质后，几乎在同时（或几小时内）荨麻疹就会长满全身。荨麻疹还可能先

🖋 ＿＿ 年 ＿＿ 月 ＿＿ 日·记录宝宝的喂养、排便、身高体重、成长进步或你的心得。

出现在身体的某个部位，随后消失不见，不一会又在其他部位出现。食物（如牛奶、鸡蛋、坚果、甲壳类海鲜）、药物（如青霉素）或蜜蜂蜇伤都可能导致荨麻疹，许多病毒感染也能引起荨麻疹。虽然我们往往不能确定引发荨麻疹的原因，不过你可以记下宝宝出现荨麻疹前几小时内吃过的所有东西（食物或药物）、接触过的所有东西，以及近期是否被蜜蜂蜇伤过，是否患过任何疾病。带宝宝去看病时告知医生以上信息，有助于帮助医生找到引起荨麻疹的原因，从而可以让医生采取有针对性的治疗措施。

荨麻疹可能会极其瘙痒，让孩子苦不堪言。为了治疗荨麻疹并在一定程度上减轻瘙痒，医生可能会建议你给宝宝口服抗组胺药（如苯海拉明）。对于反复发作或特别痒的荨麻疹，医生可能会建议你给宝宝连续服用几天药效更长且无镇静作用的抗组胺药（如氯雷他定或西替利嗪），无镇静作用的抗组胺药不会让宝宝昏昏欲睡。如果宝宝是过敏体质，为应对过敏发作，建议在家中常备抗组胺药。

✚ 　　导致呼吸困难的过敏反应能够迅速危及生命。如果宝宝出现哮鸣、吞咽困难，或嘴唇、面部、舌头、喉咙或颈部肿胀，必须立刻带他去看急诊或拨打急救电话。

112. 宝宝头上好像长了头虱，怎样才能将其彻底去除？

毫无疑问，这些讨厌的小生物确实让父母和宝宝头疼不已。宝宝长头虱并不代表你没有尽到保持孩子卫生的义务，因为头虱似乎更喜欢生活在

146

干净的头发上。不幸的是，头虱会轻易在宝宝之间传播，仅仅通过交换帽子或梳子往往就能让头虱从一个宝宝头上传到另一个宝宝头上。尽管如此，多数情况下头虱是较易治愈的。在干燥的头皮和头发上涂抹非处方去头虱洗发水，按照包装上的建议停留相应的时间，最后把所有虱卵（极小的灰白色虫卵）梳下来即可（如果孩子头发浓密，这个步骤将会非常耗时）。每隔几天给孩子梳理一下头发，检查是否有虱子和虱卵。在第一次治疗1周后再用去头虱洗发水治疗一次。

为了防止再次感染头虱，你应该告诉宝宝不要与别人交换帽子、梳子或发带；在学校时，不要把自己的连帽衫和连帽夹克与伙伴们的堆叠在一起，因为头虱可以在帽子间爬来爬去。对于长头发的女孩来说，把头发梳到脑后扎成马尾或编起来可以避免传染头虱，因为好朋友总是喜欢亲密地凑在一起，头发过长容易互相接触。

蛲虫

长蛲虫会导致孩子夜间肛门瘙痒，女孩甚至会感到阴道瘙痒。不过，事实上，蛲虫并没有什么危害。它们长得像灰白色的细线，往往在夜间出现在孩子的屁股上（确切地说是肛门周围的皮肤上）。你可以用非处方或处方蛲虫药（咀嚼型或液体型均可）为孩子进行治疗，先服药一次，2周后再服用一次。儿科医生或许会建议其他家庭成员也一同服药。使用热水清洗所有衣物和床上用品，可以降低再次感染的风险。

___ 年 ___ 月 ___ 日 · 记录宝宝的喂养、排便、身高体重、成长进步或你的心得。

十　　　如果你无法为宝宝清除头虱，请带他去看儿科医生，医院可能
会提供去头虱的处方洗发水。

胎记

113. 什么是胎记？胎记会消失吗？

有些胎记会消失，有些会变淡，还有一些会一直不变。下面对最常见
的几种胎记进行介绍。

鹳咬痕或天使之吻（单纯痣）： 不知你的父母是否告诉过你小宝宝都是
由鹳鸟送到这个世界上来的？"鹳咬痕"这个名字就是这样来的。这种胎
记长在脖子后面，表面平坦，呈粉色或红色。长在前额或眼皮上的同一种
胎记被称为"天使之吻"。当宝宝哭闹或洗澡时，血液循环加快，这种无
害的胎记就会更加明显。这种类型的胎记一般不会存在太久，多数会随着
时间的推移而逐渐变淡，在宝宝 4 ~ 5 岁前就基本不明显了。

血管瘤： 这种类型的胎记呈红色，看起来像一块凸起的血红色草莓状
瘀血。血管瘤由一团毛细血管组成，在好转前往往会变得更大更明显，这
是因为宝宝出生后的第一年内血管瘤的体积往往会增大。当宝宝 1 岁后，
血管瘤会从中心位置开始逐渐萎缩变淡。宝宝 5 岁前，约 50% 的血管瘤会
消失；10 岁前，约 90% 的血管瘤会消失。这种类型的胎记一般不需要治疗，
除非它们生长的位置特殊而影响了身体的某些重要功能，比如长在眼睛上

___ 年 ___ 月 ___ 日·记录宝宝的喂养、排便、身高体重、成长进步或你的心得。

（可能会影响视力）。其他需要去除此类胎记的原因有影响美观或长在了容易碰撞的部位（容易出血）。由医生开具的口服药可以用来减小血管瘤。

蒙古斑：蒙古斑曾被误认为是瘀伤。这种类型的胎记呈蓝灰色，多见于宝宝的后背和屁股上。肤色较深的宝宝更容易长蒙古斑。蒙古斑没有什么危害，往往会在宝宝 7 岁前变淡。

149

___ 年 ___ 月 ___ 日·记录宝宝的喂养、排便、身高体重、成长进步或你的心得。

第11章

宝宝看护

孕期是你开始考虑分娩后是否需要帮手照顾宝宝的最佳时间。你会留在家里照顾宝宝还是会在休完产假后返回工作岗位？你的伴侣或其他家人是否可以提供帮助？你是希望雇用月嫂或保姆，还是会选择周边的日托机构？提出这些问题并不是要给你造成压力，而是希望你尽早考虑并做出最正确的决定。抚养孩子往往需要举全家之力，最起码在某些时候需要一个帮手。

114. 分娩后我可以雇人帮忙照顾宝宝吗？

当然可以！有些妈妈在分娩后希望有人来帮帮忙，这没有什么不对。尤其对于剖宫产或产程困难的妈妈来说，如果你没有伴侣的帮助，家里还有其他需要照顾的孩子，或你的伴侣在你分娩后必须马上回去工作，雇一个帮手会大有帮助。你雇用的帮手最好接受过新生儿护理培训（包括新生儿心肺复苏术和母乳喂养培训）。月嫂和哺乳顾问都是很好的选择。这些人员有的可能只在晚上或白天工作，或只能提供有限时间的服务，比如分娩后的几天、几周或几个月（然后她们需要为其她妈妈提供服务）。在这些专业人员为你服务期间，请务必多向她们学习，这样当她们离开后你也能继续照顾好宝宝。

115. 应该从何时开始寻找托育服务？哪种服务更好？

最好在孕期就开始考虑你的选择。如果你是职场女性，可以咨询一下雇主关于产假的政策，从而知道，当你必须回去工作前，在家中照顾宝宝的时间能有多长。然后你可以考虑在回到工作岗位之后，是请人在家帮忙照顾宝宝还是送宝宝去托育机构。这些问题没有标准答案，完全取决于你的偏好和预算。

你可以咨询身边的人——朋友、邻居、同事甚至儿科医生，让他们推荐具有资质且爱护孩子的托育服务。我家的两个保姆都来自一位医生朋友的推荐。虽然最好通过信任的人推荐，但是使用托育服务中介往往也是不错的选择，因为中介可以全面、彻底地审核保姆的执业资质，对其进行背景调查；如果你对保姆不满意，中介可以为你提供替换人选。下面的问题介绍了各种托育服务的利弊，可以帮助你做出最佳选择。

116. 雇用保姆有哪些优缺点？

保姆一般可以在雇主家中帮忙照顾宝宝或大一些的孩子。保姆服务往往比托育机构价格要高，但是相对于托育机构它有许多优势，比如宝宝能够逐渐熟悉她/他、宝宝可以在家中养成规律的作息。如果家里有保姆照顾孩子，你就不必在上班前早早叫醒他，匆忙给他穿衣、吃饭，然后带他一起出门了。作为一名儿科医生，我认为雇用保姆最大的优势是孩子患病的概率会很低，因为宝宝和其他的孩子接触较少。当然，雇用保姆也有缺点，那就是保姆生病或有其他情况不能工作时会很麻烦。如果发生这种情况，你可能需要另外的帮手。

117. 托育机构有哪些分类？

对于需要托育服务的家庭来说，托育机构是一种很好的选择。至于选择家庭式托育机构还是规模更大的托育机构，取决于你的家庭需要和偏好以及托育机构的地理位置（最好距离你的家庭住址或工作地点不远）。

家庭式托育机构： 对于喜欢规模小、环境设置个性化、孩子数量有限的托育服务的家庭来说，家庭式托育机构是很好的选择。家庭式托育机构与规模更大的托育机构相比费用低。你一定要全面了解打算选择的家庭式托育机构，与其中的其他孩子的家长聊一聊。要明确看护者是否有执业资质，是否还有其他看护者，有多少孩子，环境如何，孩子睡觉环境的安全性如何（安全的睡眠环境能够有效降低婴儿猝死综合征的发生风险），看护者是如何看护孩子的，餐饮情况怎样，以及在看护时间内是否还会有其他人在。此外，询问一下这个机构的接送时间，如果你需要早点送或晚点接怎么办，宝宝生病时的相关规定是怎样的（如果规定严格，孩子生病必须待在家中，这样有助于防止疾病传播；但是如果只是因为有点流鼻涕就不能送的话，你的工作就会受到巨大影响）。

更大的托育机构：注册的托育机构在价格、规模和结构上各不相同。有些机构只接收婴儿，宝宝长大后会被转入幼儿园。托育机构对于不同年

如何面试宝宝的看护者？

当你面试宝宝的看护者时，可以询问她/他的经验、推荐人、价格、工作时间、时间灵活性、工作时间的沟通方式、是否接受过心肺复苏术培训、孩子应该如何午睡以及如何喂养孩子等情况（如哪些是健康的、恰当的食物）。

通过提出假设性问题获取的信息往往会最多，例如：如果宝宝不肯午睡你会怎么办？宝宝哭闹时你会怎么做？如果宝宝不肯吃饭你会怎么做？宝宝发热时你会怎么处理？宝宝呕吐时你会怎么做？如果停电了你会怎么应对？照看宝宝时有人敲门你会怎么做？没有牛奶了你会怎么办？等等。

通过思考和讨论当你不在宝宝身边时可能会令你担心的情况，你能够了解看护者解决问题的能力、她/他的性格以及照顾孩子的方法。通过提这些问题，你也可以帮助她/他提前思考如何安全应对各种情况。

___年___月___日·记录宝宝的喂养、排便、身高体重、成长进步或你的心得。

龄的宝宝会设置不同的课程，规定他们玩耍和学习的内容。托育机构的作息时间表比较固定，不过都会含有提前送或延后接的规定。我建议你参观一下所有打算选择的托育机构，全面检查机构内外的卫生情况和宝宝的玩耍空间。和老师们聊一聊，了解一下孩子的日常活动、睡觉时间、玩耍和餐食安排。询问该机构如何记录孩子的日常活动，如果某位老师生病缺勤将如何应对，病假规定中关于具有潜在传染性的孩子需要休病假的相关条款。体验一下每家机构给你的感觉，看看你是否能够放心地把孩子交给他们，孩子是否能在这里得到充满爱心的恰当看护。需要记住的是，当你的小家伙因为生病而必须待在家中时，你要有一个备选方案。

118. 送宝宝去托育机构后还可以进行纯母乳喂养吗？

当然可以！不过你可能要做一点准备工作。当宝宝 2 ~ 3 周大时，你可以开始吸奶（关于吸奶的更多信息，请参见第 21 个问题），每天至少用奶瓶喂宝宝吃一次奶。如果每天可以额外吸出一顿的奶量，你就可以将其储存起来，教会宝宝在乳房和奶瓶间自如切换。当宝宝在托育机构时，你可以吸出他第二天在机构中要喝的奶。如果你吸出的奶不够多，或你不在家的时间长于预期而宝宝需要更多的母乳时，家中储存的母乳可以保证供应。每天早晨送宝宝时，你可以把母乳放在冰包里带去托育机构，晚上接时把空奶瓶带回家。你可以询问一下托育机构的老师对于标注或储存母乳有什么特殊要求。

___ 年 ___ 月 ___ 日·记录宝宝的喂养、排便、身高体重、成长进步或你的心得。

119.宝宝感冒了，他什么时候才能去托育机构，或是参加其他活动？

一般来说，当宝宝退热 24 小时后（在停用退热药的前提下）并感觉好一些时，他就可以接触其他孩子了。如果医生因为某些原因给宝宝开了抗生素，那宝宝至少要在服药 24 小时后才能接触其他孩子。如果宝宝出现呕吐、严重腹泻或剧烈咳嗽等症状，毫无疑问，他应该在家休息，在这些症状好转前不要接触其他孩子。

让父母不知如何是好的往往是一些轻微的症状（比如轻微流鼻涕或咳嗽）。虽然只有你能决定宝宝是否可以和小朋友们一起玩耍，但同时也请考虑一下其他人的利益。带宝宝出门前先问问自己："如果其他小孩有同样的症状，我是否愿意让我的孩子和他一起玩？"你也可以咨询宝宝所在的托育机构，看看他们对于病愈的孩子何时可以返回是否有明确的规定。

托育机构里的传染病

小宝宝总喜欢什么东西都摸一摸，还喜欢把小脏手放进嘴巴里，所以，在托育机构里疾病很容易传播。哪怕机构严格规定患病的宝宝不能送来，但是在症状显现前一些宝宝就已经具有传染性了，所以对于宝宝众多的托育机构来说，保持机构中没有患病的宝宝几乎是不可能的（多子女家庭的情况与其一致）。关于宝宝可能会感染的具体疾病、如何治疗这些疾病、什么时候带宝宝去看医生以及什么时候应该去看急诊的更多信息，请参考第 8 章的相关内容。

____ 年 ____ 月 ____ 日·记录宝宝的喂养、排便、身高体重、成长进步或你的心得。

120. 如何判断宝宝是否做好了去幼儿园的准备？怎样选择幼儿园？

如果你急切地希望宝宝结交同龄人并开阔视野，那你已经做好了送他去幼儿园的准备。但是，宝宝做好准备了吗？虽然每个宝宝的情况都有所不同，不过如果出现某些迹象就说明他已经准备好去幼儿园了，这些迹象包括多数时间能够听从指令、喜欢坐着听故事或者音乐、愿意认识新朋友并和其他人一起玩（或至少在别人旁边玩）、不在你身边时可以调整自己的状态并且至少4小时内不需要小睡。有些幼儿园要求宝宝能够使用卫生间，有些则没有类似的要求，甚至还能帮助宝宝进行如厕训练。一些幼儿园可以为双职工家庭的宝宝延长在园时间，有些则不可以。

你可以打听一下或上网搜索一下社区附近的幼儿园，也可以咨询所在地的居委会。根据幼儿园的不同，你可能需要提前几个月甚至几年报名。你可以去参观一下幼儿园，感受一下那里的氛围，了解一下孩子们在那儿是否开心，教室和卫生间是否干净卫生，是否有户外活动时间，老师是否具有相关文凭和／或证书、是否充满爱心、是否知道如何与小孩子交流，幼儿园是否对不同年龄组的孩子设置不同的课程，师生比例是多少，场地是否安全，如何记录学生的出勤情况和访客情况，等等。

___ 年 ___ 月 ___ 日·记录宝宝的喂养、排便、身高体重、成长进步或你的心得。

第12章

意外伤害

　　宝宝有时会受伤。如果我们能够随时保护宝宝远离伤害该有多好，但现实并不是这样。更糟的是，当我们希望宝宝能安静坐好时，他们却爬上跳下；当我们认为已经把危险物品放在了他们够不到的地方时，回头却发现他们正把这些东西抓在手里或准备放进嘴里。幸运的是，多数情况并不严重。但有些伤害却是致命的。请尽力保护好宝宝，务必让他坐在正确安装的汽车安全座椅中并扣好安全带，在家中也要安装儿童安全防护设施，带宝宝外出时要密切留意他的安全情况。即使你时刻保持警惕，而且安装

急救信息

可以将以下信息贴在你家的冰箱上、放在电话旁或存储在手机中。

☐ 宝宝的姓名、出生日期以及当前的体重；

☐ 宝宝的常用药及其使用说明；

☐ 能够引起宝宝过敏的物质和宝宝的身体状况；

☐ 你的联系方式（手机号码及工作电话）；

☐ 你的家庭住址和联系方式；

☐ 你倾向就诊的医院的名称及其电话号码；

☐ 另外一位成年紧急联络人的联系方式；

☐ 急救电话。

了最好的儿童安全防护设施，伤害还是可能发生。所以，做好充分的准备、在紧急情况发生时知道如何应对至关重要。

误食与异物入眼

121. 宝宝误食了某种野果 / 药片 / 洗涤灵，我该怎么办？

请拨打急救电话。为了应对此类紧急情况，请务必把急救电话号码放在易于找到的地方（如冰箱上、固定电话旁、手机里）。如果你知道宝宝误食的任何细节（比如药片的颜色和形状，药片上是否有标志），请告知

160

急救电话接线员。

如果可行的话，拍一张孩子误吞物的照片，以供急救人员参考。如果无法拍照，请向急救电话接线员提供尽可能多的信息，他会在电话中告知你应该如何临时处理。现在我们已经不再建议为宝宝人为催吐，或服用吐根糖浆让他把误吞下去的东西吐出来了，因为这有可能造成更大的伤害。

+ 如果宝宝状态不佳或情况确实十分危急，请拨打急救电话。如果你有任何问题或担心，请带宝宝去看儿科医生。

122. 宝宝吞下了一枚硬币，我该怎么办？

只要宝宝表现正常（比如可以正常呼吸、说话和喝水），那就无须太过惊慌。大多数比1元硬币小的硬币都能够顺利排出，不会卡在体内。你可以咨询儿科医生，他可能会建议你在随后的几天里检查宝宝的大便，直到发现硬币。如果宝宝没有排出硬币，你可以带他去看医生，让医生帮忙检查硬币到底在哪里。简单的 X 光检查就能显示硬币的确切位置。如果宝宝还在穿纸尿裤，在纸尿裤里搜寻硬币会比较简单。如果他已经学会了用马桶，你可以让他把大便拉在纸盘里，或是在马桶里松垮地铺一层保鲜膜，以接住大便。

+ 如果宝宝出现窒息、呼吸困难、流口水或疼痛难忍（喉咙或肚子疼）等症状，请拨打急救电话。如果他吞下了 1 元的硬币或比它更大的物品，或者吞下了电池、磁铁或尖锐的物品（比如大头针），

161

异物进入鼻腔或耳道

　　宝宝喜欢把珠子、豆子以及你能想到的一切塞进鼻子或耳朵里。我都记不清从小患者的鼻子和耳朵里取出过多少类似的物品了。把异物塞入鼻腔很危险，因为如果将异物吸入气管就会影响呼吸。把异物塞入耳道没有那么危险，因为耳膜能够防止异物进入过深。但是，无论宝宝把不喜欢吃的蔬菜藏到了哪里，都必须把它取出来，以防发生并发症，比如出血或感染。

　　如果发现宝宝把异物塞进了鼻腔或耳道，请尽快带他去看儿科医生。如果无法在儿科就诊，请立刻去急诊取出异物。

✚　请立刻带他去急诊！如果你不确定宝宝吞下的是什么，请带他去看儿科医生。

123. 宝宝边哭边揉眼睛，我看他的眼睛有点发红，是不是进去了什么东西？

　　儿童时期眼部受伤的情况很常见，而且每次都要谨慎处理。如果怀疑有异物（比如沙子、睫毛、肥皂）进入了宝宝的眼睛，首先要用干净的清水或生理盐水轻柔地进行冲洗。如果这个方法不奏效，请仔细检查他的眼睛（如果宝宝允许的话！）。除了眼白外，还要下拉他的下眼睑、翻开他的上眼睑进行全面检查。如果发现异物，可以用棉签将其擦出，或用干净的清水或生理盐水把异物冲出来。如果什么都没发现，或者你不会检查宝宝的眼睛，或者你担心异物已经划伤了宝宝眼睛的某处，请带他去看儿科

___ 年 ___ 月 ___ 日·记录宝宝的喂养、排便、身高体重、成长进步或你的心得。

医生或去急诊。任何颗粒物进入眼睛、用棍子或手指戳眼睛，甚至从水枪里喷出的强烈水柱击中了眼睛都可能造成角膜损伤。

✚ │ 如果你担心宝宝的眼睛里进了含有某些化学物质的液体，请立刻用大量的清水或生理盐水反复冲洗，即使是在去医院的路上也不能停，因为这些物质会灼伤眼睛，可能会对宝宝的视力造成永久性伤害。

坠落、骨折与脱臼

124. 宝宝从沙发上摔下来，可能摔到了头，我该怎么办？

虽然新生儿自己翻身的情况非常少见，但是他们可以摆动身体或扭来扭去，所以当父母不在身边时，哪怕时间很短，他们都可能从沙发或换尿布台上摔下来。当宝宝摔下来时，怎样才能判断他是否受伤了呢？一般来说，宝宝摔下来后会立刻大哭，父母抱起来安抚之后就能恢复平静。当宝宝平静下来后，你可以用手轻柔地按压宝宝全身，检查是否按压到某个位置时他会疼得大哭。如果宝宝的某个部位看起来受伤了或者宝宝哭闹不止，你要立刻带他去医院评估伤情。

幸运的是，无论是从床上或沙发上掉落，还是走路或跑步时摔倒，多数情况下都不会造成严重的损伤。令人担心的是头部受伤，除非你目睹了

✏ ＿＿年＿＿月＿＿日·记录宝宝的喂养、排便、身高体重、成长进步或你的心得。

孩子掉落或摔倒的过程，否则你可能无法判断宝宝的头部是否受伤了，因为头部受伤有时从外表是无法看出来的。如果宝宝在掉落或摔倒后失去意识，请立刻带他去最近的医院的急诊科。如果他哭了一阵后继续玩耍，儿科医生可能会建议你在家密切观察宝宝的状态。你可以检查宝宝的头皮。鹅蛋般大的肿块一般代表是皮下伤，而非颅内损伤。如果宝宝愿意，你可以用布包住冰块（或一袋冻豌豆或冻玉米粒）放在肿块上冷敷几分钟，以缓解疼痛、减轻肿胀。只要宝宝表现正常，医生很可能不建议你在半夜叫醒他进行检查。

✚　　　如果宝宝失去意识或看起来伤得非常严重，请拨打急救电话。如果宝宝从比床或沙发高的地方掉落，或掉落后发生以下情况，请带宝宝去看儿科医生或去急诊科就诊。

　　　　□ 不能控制的哭闹；

　　　　□ 呕吐；

　　　　□ 头痛得厉害；

　　　　□ 精神萎靡；

　　　　□ 嗜睡；

　　　　□ 说话或走路的方式与平时不同；

　　　　□ 食欲与平时不同；

　　　　□ 对外界的反应与平时不同；

　　　　□ 按压伤口超过 5 分钟还不能止血。

164

✒ ___ 年 ___ 月 ___ 日·记录宝宝的喂养、排便、身高体重、成长进步或你的心得。

✚ 为了防止宝宝掉落,请在把他放在换尿布台上时为他系好安全带,不要留他一个人在床上或沙发上,坚决不要把放有宝宝的婴幼儿摇椅置于高处,比如桌面或台面上。

125. 宝宝跑步时被绊倒了,现在哭个不停、不肯走路,他是不是骨折了?

你无法确定宝宝是不是骨折了。如果没有 X 光机的帮助,就连医生也无法每次都能准确地判断宝宝是否发生了骨折。如果宝宝受伤了,在你慌忙带他去医院前,可以先花几分钟时间安抚一下他。当他平静下来后,可以给他服用适量的布洛芬或对乙酰氨基酚以减轻他的疼痛;如果宝宝愿意的话,可以为他冰敷一下伤处。如果伤处明显变形,或者宝宝持续痛苦地尖叫,拒绝站立或行走,最好带他去医院检查一下。如果宝宝的状态看起来还不错或是在深夜受的伤,第二天早上再去医院也可以。可能第二天起来,宝宝的情况已经好转,能够自己走路了。

如果第二天宝宝走路正常,那就无须担心,宝宝很可能只是受了点轻伤(不是骨裂或骨折),已经痊愈。如果他走起路来还是一瘸一拐的或看起来很疼,请带他去看儿科医生。医生可能会给宝宝拍 X 光片,以便判断是否为"幼儿骨折"(常见于幼儿的小腿骨轻微骨折)。这种情况并不严重,不过宝宝受伤的腿往往需要用石膏固定几周。

✒ ___ 年 ___ 月 ___ 日·记录宝宝的喂养、排便、身高体重、成长进步或你的心得。

126. 宝宝走路一瘸一拐的，我不记得他受过伤，这该怎么办？

宝宝可能发生了幼儿骨折。从沙发上滑下来（我最小的儿子就是这样受的伤，还发生在我丈夫的眼皮子底下）、滑滑梯或在充气城堡里蹦跳，在落地时腿部发生轻微扭转就会造成幼儿骨折。这种情况往往是胫骨根部发生了轻微的螺旋形骨折。发生骨折时，宝宝有时会大哭，有时不会。除非使用受伤的腿走路，否则他一般不会感到疼痛，而且他很快就能学会一瘸一拐地走路或爬行以避免疼痛。建议你带宝宝去看儿童骨科医生，进行X 光检查。如果宝宝发生了骨折，医生会在骨折的部位打上石膏，帮助骨头恢复。只要宝宝心情愉快，没有感到疼痛，第二天早上再带他去医院拍X 光片也可以。

✚ 如果宝宝出现了发热，而且由于疼痛而哭闹不止，或看起来病恹恹的，请立刻带他去看儿科医生，因为情况可能并不是幼儿骨折那么简单。

127. 我拉着宝宝的手把他拎了起来，然后他一只胳膊下垂、不能活动，而且不能碰，是我伤到他了吗？

这是一种常见的儿童意外伤害，称为"牵拉肘"。任何突然向上拉拽宝宝手臂的动作都可能导致其肘关节脱臼。幸运的是，儿科医生能够通过简单的手法治疗使其复位（当我把小患者的脱臼关节复位后，我喜欢在他

166

们刚刚受伤一侧手臂的手里放一支棒棒糖，然后离开诊室。5分钟后，当我回来时，孩子都会开心地吃起棒棒糖，这说明他们的手臂功能已经恢复了）。虽然脱臼不会引起长期并发症，但是由于韧带暂时受到了轻微拉伸，所以有些宝宝可能会再次发生脱臼。

如果宝宝发生过脱臼，请暂时先不要和他玩手拉手飞高高的游戏。抱起宝宝时，要用手托住他的腋下或搂住他的胸部，避免他的手臂再次受伤。

家用急救箱

如果家中有用品齐全的急救箱，就可以省下许多去看儿科医生或去急诊的时间。药店（包括网上商城）有预先配好的急救箱可供选择，购买前请确认里面是否包含以下物品（你也可以自己准备急救箱，或在现有急救用品的基础上添加遗漏的物品）。

☐ 纱布、胶带、创可贴；

☐ 一次性医用手套和/或用来给手部消毒的免洗洗手液；

☐ 剪刀；

☐ 镊子（用于清除尖刺或昆虫毒刺）；

☐ 非水银体温计；

☐ 冷敷袋和/或热敷袋；

☐ 小手电筒；

☐ 瓶装水（用来清理小伤口，或在孩子脱水时为他补水）；

☐ 对乙酰氨基酚或布洛芬（用来退热或缓解疼痛，请参考第7章的剂量表使用）；

167

___ 年 ___ 月 ___ 日·记录宝宝的喂养、排便、身高体重、成长进步或你的心得。

家用急救箱（续）

☐ 抗组胺药（用于缓解瘙痒或过敏）；

☐ 可的松软膏（用于治疗皮疹）；

☐ 抗生素软膏（用于治疗划伤或擦伤）；

☐ 止痛喷雾（用于缓解轻微烧伤、跌打损伤或骨折脱白引起的疼痛）；

☐ 宝宝的药物（包括定期服用或按需服用的药物和紧急情况下需要使用的药物，比如用于缓解哮喘的药物）。

请将急救箱置于成年人方便拿取的地方，但要确保孩子够不到。

划伤、擦伤和咬伤

128. 如何判断宝宝是否需要缝针？

对于活泼好动的宝宝来说，划伤和擦伤很常见。如果伤口很深、皮肤开裂、按压伤口 10 分钟以上不能止血，就需要缝针来闭合伤口。在一些部位，医生可能会使用一种特殊的胶水（类似超级胶水，但是用于皮肤很安全）或 "U" 形钉（一种为皮肤特制的医疗工具，主要用于头皮的缝合），而非缝合针来让伤口闭合。带宝宝去医院时要记得带上他的免疫接种记录，根据造成伤口的原因和他上一次接种破伤风疫苗的时间，医生会判断他是否需要接种破伤风疫苗。

+ 如果你认为需要使用医疗手段来闭合孩子的伤口，不要耽误太久，

___ 年 ___ 月 ___ 日·记录宝宝的喂养、排便、身高体重、成长进步或你的心得。

如何拔除尖刺？

将扎入尖刺部位周围的皮肤清洁干净，用温热的肥皂水浸泡，在伤口部位涂上非处方麻醉药膏，然后尝试用镊子夹住尖刺露在皮肤外的一端，轻轻向外拽，将其拔出。如果无法取出尖刺，可以等几天看看它能否自行出来。

如果尖刺扎得很深，不能很快自行出来，或伤口出现了感染迹象，如伤口处红肿或渗液，请带宝宝去看儿科医生。

✚ 最好在伤害发生后4 ~ 8小时内处理伤口。如果出现感染症状，如发热、伤口红肿疼痛或化脓，请尽快带宝宝去医院。

129. 宝宝被昆虫叮咬了，腿部红肿，我该怎么办？

首先，你要查看是否存在针刺。如果有的话，可以用信用卡或干净的指甲沿水平方向轻柔地刮擦被针刺的皮肤，以将针移除。然后用肥皂和清水清洗伤口，最后敷上冰袋以缓解疼痛和肿胀，也可以给宝宝服用适量的布洛芬（如果宝宝已满6个月大）或对乙酰氨基酚来止疼。如果叮咬处发痒，可以涂抹外用止痒药（如氢化可的松软膏或炉甘石洗剂），或给宝宝适量服用某种抗组胺药（如苯海拉明）。如果不确定宝宝的用药剂量，请咨询儿科医生。

✚ 如果叮咬处的皮肤出现细菌感染的信号，比如颜色更红、疼痛、渗液或化脓，请带宝宝去看儿科医生，这种情况可能需要抗生素治

169

___ 年 ___ 月 ___ 日·记录宝宝的喂养、排便、身高体重、成长进步或你的心得。

＋ 疗。如果宝宝对叮咬产生严重的过敏反应，比如呼吸困难或吞咽困难，请立刻去急诊室！

130. 在宝宝身上发现一只蜱虫，他会感染莱姆病吗？

请不要惊慌。蜱虫只有吸附在皮肤上 12 小时以上才会传播病菌。如果你发现蜱虫在宝宝的皮肤上爬行，或者可以被轻松取下，说明它还没有吸附在皮肤上，还没开始吸血。这种情况下，蜱虫不会传播病菌。

如果蜱虫已经吸附在宝宝的皮肤上，你就要尽快移除它。在尽量靠近皮肤的位置，小心地用镊子夹住蜱虫，直接将其拔出。拔除蜱虫后，要用肥皂和清水清洗伤口，并涂抹抗生素软膏。

一定要从头到脚检查宝宝身体的所有部位，查看是否还有蜱虫存在。如果你不会处理蜱虫叮咬，或处理不当，请带宝宝就诊。

＋ 被蜱虫叮咬后的 1 个月内，请密切关注宝宝的情况。如果他感到不舒服、看起来病恹恹的、出现皮疹(往往在叮咬部位出现)或发热，请带他去看儿科医生。如果发现及时，使用抗生素可以有效治疗莱姆病和蜱虫传播的其他疾病。

131. 宝宝被狗咬伤了，该怎么办？

如果宝宝被咬伤的部位流血，先持续用力按压伤口 5 分钟或直至伤口不再出血，然后用肥皂和清水轻柔地清洗伤口。

＿＿ 年 ＿＿ 月 ＿＿ 日·记录宝宝的喂养、排便、身高体重、成长进步或你的心得。

另外，你需要带宝宝就诊，请医生检查伤口并确认宝宝是否需要注射狂犬疫苗和破伤风疫苗。根据伤口的类型和位置，医生或许还会建议使用抗生素以预防感染。

儿童安全防护设施

孩子们都是了不起的探险家！一旦小家伙开始独自探索周围环境，你最好在家中安装儿童安全防护设施。

以下建议可以保护宝宝在家中远离危险。

☐ 确保家中的所有物体安装牢固。

☐ 为所有插座安装保护盖。

☐ 确保肥皂、洗衣液、清洁剂、药品以及小物件都存放在宝宝够不到的地方。

☐ 在所有楼梯的顶部和底部都安装安全门，防止宝宝坠落。

☐ 务必固定好所有的窗帘拉绳或百叶窗拉绳，以防勒住宝宝。

☐ 夜间照明灯要远离窗帘和床上用品，以免引起火灾（也可以使用不发热的夜间照明灯）。

☐ 锁紧所有窗户并且/或者安装防护栏，防止宝宝坠落。

☐ 如果家中有游泳池，务必在泳池四周安装至少 1.2 米高的围栏，使用可以自动锁闭的围栏门。

☐ 其他防护措施：在家中安装烟雾及二氧化碳探测器；在厨房内放置一个功能正常的灭火器；确保热水器的最高温度设定在 49℃ 以下。

___ 年 ___ 月 ___ 日·记录宝宝的喂养、排便、身高体重、成长进步或你的心得。

汽车安全座椅

交通事故是导致儿童死亡的"头号杀手"。虽然开车时你不能控制别人的行为，但是你可以确保家人每次都系好安全带。请记得让专业人士为你检查宝宝的汽车安全座椅。正确地安装和使用汽车安全座椅，能够在交通事故中为宝宝提供有效保护。

132. 哪种汽车安全座椅最好?

市面上的汽车安全座椅种类繁多，但是没有哪一种是"最好"或"最安全"的，所以不知如何选择汽车安全座椅的现象十分常见。最适合孩子体型和年龄、安装正确、每次坐车时都正确使用的座椅，就是最好的安全座椅。安装好安全座椅后，需要请专业的汽车修理店或 4S 店的专业人员来检查安装得是否正确。

如果你还没有给新生的宝宝购买汽车安全座椅，请马上购买，因为当宝宝从医院回家时，需要安全座椅来保证路上的安全。许多父母喜欢为刚出生的宝宝使用婴儿安全座椅，因为座椅的底座可以留在车内（如果你家拥有不止一辆汽车，可以多购买一个底座），座椅能够与底座轻而易举地卡紧或分离，便于携带小宝宝。最好提前购买并安装好安全座椅，因为多数医院要求新生儿的父母已经备好了安全座椅，能够在第一次带宝宝回家时使用。婴儿安全座椅必须面向车尾安装在后座上，在能够安装牢固的前提下，最好将安全座椅安装在后座中间的位置。不过许多车辆后座中间的

___ 年 ___ 月 ___ 日 · 记录宝宝的喂养、排便、身高体重、成长进步或你的心得。

位置都非常狭窄或凹凸不平，而且往往不能使用安全座椅栓带。如果你不能把安全座椅的底座牢固地安装在后座中间的位置上，或你需要在后座上安装两个安全座椅，最好的办法就是后座的两侧各安装一个。

安全专家和美国儿科学会都建议，至少在宝宝2岁前，汽车安全座椅都应面向后安装，当他们达到安全座椅允许的最大体重和身高后，才可以面向前安装。你没有必要为了给宝宝的腿部留出更多的空间而让他面向前坐，面向后坐比你想象得更舒服，而且发生事故时腿部极少受伤。毫无疑问，对于宝宝来说，面向后坐是最安全的乘车方式。

汽车安全座椅的标签会标明使用者身高和体重的上限，以便于你知道为孩子更换安全座椅的准确时间。鉴于孩子长大一些后可以使用面向前装的汽车安全座椅，可转换式汽车安全座椅是不错的选择。这种座椅名副其实，孩子小的时候可以面向后装，长大一些后可以面向前装。

___ 年 ___ 月 ___ 日·记录宝宝的喂养、排便、身高体重、成长进步或你的心得。

第 13 章

生长发育

宝宝学会新本领，无论是第一次微笑，还是第一次走路，都令人激动万分。不过你或许很快就会意识到，小家伙与同龄人的发展节奏似乎并不完全一致。所有的父母都会本能地将自己的宝宝与其他宝宝进行比较。虽然很多人都告诉你要克制这种冲动，但你就是做不到。我不奢望说服你别去比较，但是我保证每个宝宝都是独一无二、与众不同的，希望这样能够减轻你的焦虑。

我希望你能够珍视宝宝的每一次进步，在他的成长过程中持续发挥积极的作用。我不会对你说谎，宝宝的成长过程中有欢乐也有苦恼。但是每一天都是新的一天，每一天都充满了学习和成长的机会。

发育问题

133. 用什么方式对宝宝说话最好？

你可以从宝宝刚出生时就跟他说话。宝宝语言能力的发育很早就开始了。你对宝宝说得越多，他的语言能力就会发育得越好。无论你说的是哪种语言，只要每天发音清晰地对宝宝说话，就能很好地促进他的语言能力发育。你肯定会模仿宝宝说话，因为他是如此可爱，你希望这样能逗他开心。但是你也需要像对待大孩子那样和他说话，就像他能够回应你一样。你可以对宝宝说任何事情，说说今天过得怎么样、你正在做什么，可以给他讲一个故事、描述一下周围的环境、问他一个问题（虽然他不能回答，但是听你说就很好），或者给他讲讲你能想到的其他事情。另外，尽早开始为宝宝读书。睡前是读书的好时段，当然其他时间也可以。你还可以为宝宝吟唱童谣。宝宝会逐渐熟悉你的声音，无论你说什么他都会从中获得安慰。

134. 宝宝一般什么时候开始长牙？应该如何护理他的牙？

宝宝的第一颗牙一般在 6 ~ 8 个月大时萌出，有些宝宝可能要到 1 岁

___ 年 ___ 月 ___ 日·记录宝宝的喂养、排便、身高体重、成长进步或你的心得。

后才会长出第一颗牙。当宝宝长出第一颗牙后，你可以在他每晚睡觉前用柔软的纱布或牙刷轻柔地将它擦或刷干净。你还需要使用极少量的氟化物来预防宝宝的蛀牙，可以在宝宝每晚睡觉前使用极少量（大米粒大小即可）的含氟牙膏来刷牙，以在牙齿表面形成一层保护膜。

出牙可能会让宝宝不舒服，他或许会流口水、把手放进嘴里、拉拽或揉搓自己的耳朵、脾气有些暴躁。出现这些情况都很正常，我保证它们都会消失。不要给宝宝使用出牙药片和出牙凝胶，因为还没有针对此类产品制定的相关管理规范，其中或许含有某些化学物质并且含量不明，可能会对宝宝造成伤害。（关于处理出牙的更多窍门请参见第72个问题。）

宝宝1岁左右时，你可以使用极少量的含氟牙膏，每天轻柔地为宝宝刷两次牙。你可以把刷牙变成一个有趣的游戏：使用三把牙刷，宝宝一手拿一把，你用第三把为他刷牙。宝宝1岁左右或长出第一颗牙的时候，你就可以带他去看儿童口腔医生了。儿童口腔医生可能会告诉你宝宝是否需要通过使用含氟牙膏或其他方式来加氟。请遵守医生的建议，因为摄入过多的氟化物能够导致宝宝的牙齿出现永久性白斑（这种白斑只影响美观，没有其他任何危害，所以无须太过担心）。

宝宝2岁左右时，他就可以尝试自己刷牙了（虽然大部分工作还是由你来完成）。你可以让刷牙变得有趣一些：在他尝试自己刷牙时从1数到10，当你帮他刷牙时也从1数到10，可以来回数几次；你也可以在宝宝刷牙时为他唱一首他最喜欢的歌。使用豌豆大小的含氟牙膏就足够了。此时可以开始教宝宝如何漱口，不过你要知道宝宝往往需要几年的时间才能熟

177

练掌握漱口的技巧，所以一定要有耐心。如果宝宝不小心吞下了牙膏也没关系，因为使用的牙膏非常少，不会造成什么伤害。请确保宝宝在晚上刷牙后不再吃／喝任何东西（喝水除外）。直到宝宝上小学前，我们都需要帮他把牙刷干净。

＋　　　如果宝宝 1 岁后还不长牙，或者牙齿颜色异常，或者有其他异常情况，请带他去看儿童口腔医生。蛀牙的早期表现可能是牙齿上有白色、黄色或棕色的斑点，后期会逐渐恶化形成龋洞，这会引发疼痛并导致感染。

135. 宝宝何时需要穿鞋？穿特殊的鞋能够预防脚内八字或外八字吗？

当宝宝行走的表面不安全或由于天气原因（下雨、下雪或天气炎热）而不能光脚时，穿鞋可以保护他的脚。不过，在宝宝学习走路时，他最好还是光着脚在安全的表面上学习，因为学习走路时，脚跟先着地，然后脚趾着地，因此，光着脚更容易学习。

在为宝宝选鞋时，请确保鞋要穿着舒适、鞋底柔软并预留出脚部生长的空间。最好请专业人士为宝宝挑选鞋。宝宝的脚长得很快，所以你需要每 3 个月检查一次他们的鞋还是否合脚，然后决定是否购买新鞋。

一般来说，当宝宝开始走路时他们的脚会表现为轻微的外八字，一段时间后，它们可能又会变成轻微的内八字，但绝大部分宝宝最终都会恢复

___ 年 ___ 月 ___ 日·记录宝宝的喂养、排便、身高体重、成长进步或你的心得。

正常。现在一般不推荐使用特殊的矫正鞋或支架来进行脚形的矫正。如果你对宝宝的脚形感到担忧，下次去医院时可以请儿科医生观察一下宝宝的走路方式。

136. 宝宝多大可以学习游泳？

游泳对所有人来说都是一项重要的求生技能。有证据表明，如果 1 ~ 4 岁的宝宝接受过正规的游泳训练，他们溺水的可能性会大大降低。如果宝宝喜欢水（比如爱洗澡），能够听从指令，身体发育已达到相关要求，你可以了解一下周边适合其年龄的游泳培训班。

提醒： 除了让宝宝学习游泳外，你还须牢记以下可以防止宝宝溺水的重要措施：对于婴儿、幼儿和泳技不高的人，必须遵循"近距离监管"的原则，当宝宝在水中或岸边时，成年人一定要在其一臂范围以内；对于所有年龄段的宝宝，哪怕他泳技高超，身边也一定要有成年人随时保护，而且这名成年人应该会游泳，知道如何施救、如何实施心肺复苏术并能向其他人求助；泳池四周应该安装高度至少为 1.2 米的围栏（单此一项就能降低 50% 的溺水风险），围栏应该配有自动锁闭的门。

137. 宝宝 4 个月大了还不会翻身，6 个月大了还不能独坐，1 岁了还不会走路，我应该为此担心吗？

每个宝宝的生长发育速度都是与众不同的，这就是为什么每项能力事实上都有一个相对宽泛的达标时间。附录 3 中的表能够帮你了解宝宝发展

___ 年 ___ 月 ___ 日·记录宝宝的喂养、排便、身高体重、成长进步或你的心得。

出各项能力的大概年龄。一般来说，如果宝宝只有一项能力未达标，那他或许只是需要多一点时间和鼓励。

+　每次体检时儿科医生都会检查宝宝的发育情况。如果某些方面令你尤为担心，请带他去看儿科医生。

（婴幼儿能力发育里程碑详见附录 3。）

138. 宝宝 3 岁了，说话结结巴巴，我该怎么办？

幼儿或学龄前儿童在说话时常常重复语音、字或词。很多情况下，这些言语失误（也被称为"言语不畅"）是正常发育的一部分，在宝宝快速掌握新词汇的过程中可能会时常发生。言语失误经常发生在一句话的开头，因为此时宝宝正在构建思路。多数宝宝无需任何干预，随着年龄的增长，言语不畅的情况会自动消失。具有这种正常口吃现象的宝宝对于自己语言中这些多余的词语一般毫无意识，所以不会因此而感到懊恼。

有些方法能够帮助宝宝，比如放慢你的语速（如果你说话很快的话）、每次只问一个问题或者多点耐心。重要的是，给宝宝充分的时间说话，不要强行纠正他。

如果宝宝重复单个字的次数在 4 次或 4 次以上（比如把"小狗"说成"小—小—小—小—小狗"），或者拉长某个字的发音（比如把"小狗"说成"小——狗"），这些情况就要加以注意了。

✎ ___ 年 ___ 月 ___ 日·记录宝宝的喂养、排便、身高体重、成长进步或你的心得。

十 如果你发现以下情况，请带宝宝去看言语治疗师。

☐ 宝宝说话时面部肌肉紧张；

☐ 宝宝在运用词语时感到不自在或紧张；

☐ 宝宝出现其他异常的面部动作或频繁眨眼。

139. 患有自闭症的宝宝有什么表现？

自闭症是一种复杂的发育障碍，有一系列症状表现，程度轻重不等。自闭症在男孩中相对常见。虽然自闭症的儿童早在婴儿期就会出现某些症状，但是明显的症状一般出现在宝宝 1 岁半到 3 岁大的时候。儿科医生应该在宝宝 1 岁半和 2 岁时的体检时筛查自闭症，也应该在每次体检时检查宝宝的发育情况。需要注意的是，其他一些发育问题也会导致类似自闭症的表现。如果你对宝宝的发育情况有任何担忧，请咨询儿科医生。

以下是自闭症的常见表现。

☐ 语言发育迟缓或不发育；

☐ 当被叫到名字时，宝宝没有眼神交流，也没有回应；

☐ 缺少手势动作，比如用手指；

☐ 不喜欢拥抱和亲吻；

☐ 重复性行为和语言；

☐ 让人难以理解的行为；

☐ 发育指标不达标，尤其是语言和社交技能；

☐ 对事物的外观、质地、气味、味道和声音反应异常。

___ 年 ___ 月 ___ 日·记录宝宝的喂养、排便、身高体重、成长进步或你的心得。

✚ 　如果你认为宝宝可能患有自闭症，请咨询儿科医生。早期的强化治疗（比如语言治疗、职业治疗、行为治疗以及社交训练）可以减轻症状，带来实质性的改善。

140. 患有多动症的宝宝有什么表现?

多动症会导致宝宝难以集中注意力、多动和 / 或做出冲动性行为。多动症也是一种发育障碍，一般在婴儿和幼儿身上并不多见，而常见于 4 ~ 18 岁已经入园或上学的孩子。这是因为多动症的某些症状在婴幼儿身上会被视为正常，比如注意力不集中、不能安静地坐着或总是跑来跑去。所以，直到这些行为明显影响幼儿园、学校的活动及其他活动前，医生都不能确诊。

当宝宝开始上幼儿园或上学时，这些表现就会凸显出来，因为在幼儿园或学校要遵守很多规则，要参加很多需要集中注意力和进行自我控制的活动。患有多动症的宝宝可能还会遇到学习方面的困难。如果宝宝已经上了幼儿园，你可以告诉老师宝宝令你担忧的行为，看看老师是否能在宝宝身上观察到类似的行为。老师往往会第一个发现宝宝的多动症表现并告知父母。有些行为或许符合孩子的年龄，但是有些行为可能需要更多的关注和 / 或评估 (不是所有难以集中注意力或有多动行为的孩子都患有多动症)。

✚ 　如果你注意到宝宝有任何令人担忧的行为，请带宝宝就诊。医生可以评估宝宝是否患有多动症；如果有，医生会向你推荐多动症治疗专家。行为治疗是一种父母有机会参与的治疗方法，这种治疗

＿ 年 ＿ 月 ＿ 日·记录宝宝的喂养、排便、身高体重、成长进步或你的心得。

✚ 往往是多动症治疗的第一步。另外，营养均衡、睡眠充足、多运动、少用电子产品也会有所帮助。在接受行为治疗后，宝宝可能需要服用一些药物。多数宝宝对于行为治疗和／或药物治疗反应良好，症状能够得到很好的控制。

关掉屏幕

美国儿科学会建议不要让未满1岁半的宝宝看电视、视频或玩电子游戏。宝宝刚出生的2年是他大脑生长发育的关键阶段。在这段时间里，只有与其他孩子或成年人进行积极的互动，亲自探索周围的世界，宝宝才能正常发育。屏幕时间太多会对大脑的早期发育产生负面影响。

对于1岁半到2岁的宝宝，每天的电子屏幕时间加起来不应超过1小时，且观看的内容应该具有教育意义。请确保宝宝观看的节目适合他的年龄。每次要与宝宝一起看电视或玩电子游戏，这样就能知道他接触的内容并与他进行谈论。你还可以利用这个机会向宝宝传授生活知识，讨论诸如健康和安全一类的话题。

另外，视频聊天已经成为我们与家人和朋友远程交流的有效方式。我的宝宝就非常期待与奶奶视频聊天。适当使用这种社交工具，能够保持与家人和社会的联系。

在进餐时和睡前1小时最好不要使用电子产品，因为这会影响家人之间的沟通和睡眠，并且会促成坏习惯的形成。尽量避免仅仅把电子产品作为分散孩子注意力、使其平静下来的手段（当然在某些特殊情况下也可以使用，包括接受某种痛苦的医学治疗或其他极度紧张的场合）。

✎ ___ 年 ___ 月 ___ 日·记录宝宝的喂养、排便、身高体重、成长进步或你的心得。

行为问题

141. 宝宝闹脾气时该如何应对?

　　管教的关键是保持一致性。请记住，你才是家长！应对宝宝闹脾气可能颇具挑战，但是你可以将失控的情绪弱化。多数时候，宝宝闹脾气是为了寻求关注（无论是得到赞扬的正面关注还是导致惩罚或训斥的负面关注）。管教孩子的原则是，通过正面强化鼓励好行为，并在可以的情况下忽略坏行为（只要这种行为不会立刻引起危险），对于完全不能接受的行为要严格限制并明确行为的后果。

　　你可以使用以下方法制止（至少减弱）宝宝闹脾气的行为。

　　□ **忽略**：如果你走开或毫不关注，宝宝闹脾气的行为很可能就会停止。

　　□ **使用平静中断法**：在家中选取一处位置，让闹脾气的宝宝在那里坐着或站着，不能做别的。平静中断的时间长度（以分钟计）与宝宝的年龄相同（1岁中断1分钟，2岁中断2分钟），或者直到他平静下来。

　　□ **把宝宝的注意力转移到其他事情上**：我喜欢走到房间的另一头，宣布"妈妈准备讲故事书了"，然后就大声读起来。此时，我的儿子一般就会安静下来。

　　□ **让宝宝去完成一项任务**：这样他会感到能够帮助别人，产生融入感（当你有好几个孩子，其中一个感觉受到冷落时，这个方法很管用）。

　　□ **对宝宝好的表现加以表扬**：当宝宝表现好时及时发现并加以表扬。

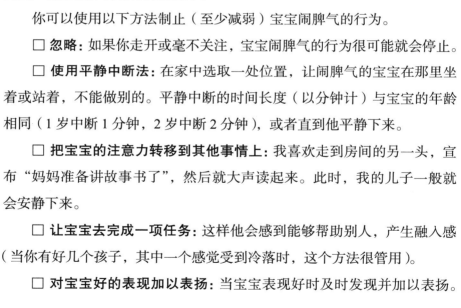

____ 年 ____ 月 ____ 日·记录宝宝的喂养、排便、身高体重、成长进步或你的心得。

务必明确指出你赞赏的表现，这样能够激励宝宝在将来做出更多类似的行为。

□ **避免可能引起宝宝闹脾气的状况**：如果你带宝宝一同出门办事，他总是在你办第二件事时闹脾气，那就每次外出只办一件事。

□ **离开现场**：如果你在公共场所（例如商店或餐厅），当宝宝闹脾气时只要带他离开就好。虽然当你正在排队付款或用餐时会很难做到，但这样可以让宝宝平静下来，教会他如果发生类似行为就要停止活动。

吸吮大拇指

吸吮大拇指是一种常见的自我安抚行为，往往开始于孩子1岁时。这种行为并没有什么害处，宝宝长大一些后（一般在上幼儿园之前）就会停止。对于爱吸吮大拇指的宝宝，你是无法移开他的大拇指的，但是你可以为他提供其他的安抚物，比如可以随身携带的玩具或小毯子。在宝宝的大拇指上缠上胶带、安装拇指骨折固定夹板或涂抹某种难吃的药水，这些方法在宝宝刚出生的几年内并不是非常有效。最好的处理方法就是忽略这种行为，事实上宝宝能用一种安静的方法来安抚自己是十分令人欣慰的。

改变行为仅需一周

如果父母及其他所有照料者能够保持一致，并给予宝宝鼓励和表扬，宝宝的很多行为就可能在一周之内发生改变。无论是尝试制止幼儿乱咬东西还是让他在自己的床上独立睡一整晚，只要你能持之以恒，一周足矣。

185

___ 年 ___ 月 ___ 日·记录宝宝的喂养、排便、身高体重、成长进步或你的心得。

改变行为仅需一周（续）

使用以下方法能够帮助你改善宝宝的行为。

□ **保持一致**：让所有的照料者都按照同样的纪律和作息规律来对待宝宝。

□ **鼓励**：给宝宝读一本关于鼓励的书，或讲一个与鼓励有关的故事。

□ **奖励**：宝宝表现好时给予奖励。可以拥抱他、亲吻他，也可以奖励他一张小贴画。

□ **避免冲突**：改变你的习惯性做法，以避免引发冲突。

□ **快速回应**：在宝宝做出行为之后让他马上知道这样做的结果（无论是好的行为还是坏的行为）。

□ **忽略**：不严重的坏行为往往不值得你耗费精力。

□ **单次单事**：抓住重点，每次只选择一个需要改进的行为进行纠正。

□ **做行为榜样**：宝宝会观察你的行为并模仿你，所以你要做他的行为榜样，尊重、热爱，并以好的行为对待身边的人。

如厕训练

142. 什么时候可以训练宝宝使用马桶？如何训练？

许多宝宝在 2 岁半左右时就已经做好准备，可以开始如厕训练了。如果宝宝还没做好准备，但即将入托或家中新添了小宝宝，迫于压力你不得不开始对他进行如厕训练，那训练很难成功。等到宝宝真正准备好时再开始，对于训练者和被训练者来说都会容易很多。假如你想知道宝宝最终学

___ 年 ___ 月 ___ 日·记录宝宝的喂养、排便、身高体重、成长进步或你的心得。

会使用马桶的年龄与他的智力水平和今后的学业成就是否有某种关系，答案是毫无关系。当他申请大学或工作面试时，不会有人问他是什么时候学会使用马桶的。

宝宝已经做好如厕训练准备的信号有以下几种。

☐ 每片纸尿裤在几小时内都能保持干燥；

☐ 排便规律、可预测；

☐ 穿着纸尿裤时表现出想要如厕的信号，比如躲藏或蹲下；

☐ 当纸尿裤变脏时会感觉不舒服，要求更换；

☐ 能够遵循简单的指令，走进卫生间，自己脱裤子；

☐ 主动要求使用马桶并且想穿大宝宝的内裤。

进行如厕训练的前提是，当宝宝想要如厕时他必须能够有所觉察，并能告诉你他的感觉并采取行动（在马桶里排尿或排便）。这种情况一般发生在 2 岁半左右。

你可以早一些开始如厕训练的准备工作。以下建议能够帮助你取得成功。

开始"如厕对话"：教会宝宝家中使用的与如厕相关的词语，比如卫生间、大便和小便。告诉宝宝他刚刚在马桶上做了什么事情或你要采取的行动，比如"雅各布刚刚拉了便便！"或"我们来换上干净的纸尿裤"。孩子们都很聪明，他们很快就能学会在要上厕所或需要更换纸尿裤时告诉你。

检查大便是否松软：确保宝宝的大便松软。如果宝宝便秘或大便比较硬，他就不会喜欢在马桶里大便，因为大便时很疼。宝宝会憋住大便，这

187

会使大便变得更粗更硬，排便时更疼，从而导致如厕训练失败。（关于如何使大便松软请参见第 55 个问题。）

有样学样：当你需要去卫生间时大声说出来，让宝宝观察你是如何使用马桶的，而且每次如厕后都要洗手。

选择大马桶还是小马桶：是为宝宝买儿童坐便器，还是放一个搁脚凳或马桶坐垫来帮助他使用大马桶，完全由你决定。无论是哪种方式，最好让宝宝脚下有所支撑。你是否尝试过在大便时双脚悬空？这可不容易。

创造乐趣：让宝宝坐在马桶上的时间变得有趣起来，可以给他讲一个故事或唱首歌来消磨时间。许多关于使用马桶的书都能很好地鼓励宝宝。当宝宝没能在马桶上排便时，不要批评他，也不要在他不想排便时强迫他坐在马桶上。无论他做出的努力多么微不足道，如果你都能够给予表扬，效果就会更好。可以使用积极的语言鼓励他，大大地拥抱他、亲吻他，或

不在夜间排尿

如厕训练侧重的是训练宝宝在白天使用马桶。对于多数宝宝来说，能够做到不在夜间排尿的年龄要比如厕训练的年龄晚得多。事实上，宝宝在 6 岁前夜间排尿都很正常，有时甚至会持续至更大。如果宝宝还不能在多数夜里保持纸尿裤干燥，你可以给他穿上纸尿裤、拉拉裤或可吸收尿液的训练内裤。并让先尿尿再上床成为睡前程序的一部分，这样宝宝不在夜间排尿的可能性会更大。当宝宝尿床时不要批评他，因为意外总会发生。如果你对宝宝尿床的行为有所担忧，请咨询儿科医生。

___ 年 ___ 月 ___ 日·记录宝宝的喂养、排便、身高体重、成长进步或你的心得。

唱一首特别的马桶歌曲、跳一支特别的马桶舞。如果有必要，当宝宝成功地在马桶里排便时，可以奖励他一张贴画、盖一枚印章或吃一个小零食。

强调洗手：帮助宝宝轻松获取洗手所需的所有工具。在卫生间放一个小垫脚凳，让宝宝可以够到洗手池（你可能需要帮他站上去）。把肥皂和毛巾放在宝宝够得到的地方。让洗手变得充满乐趣，教孩子在洗手时唱一首简短的歌曲，比如《生日快乐》，以保证洗手的时间足够长。

143. 宝宝 3 岁了，知道如何使用马桶，但常常不用，我该怎么办？

如果如厕训练已经取得成功，宝宝已经学会如何使用马桶，那么选择不用或许是一种行为问题。有时穿大孩子内裤、有时穿纸尿裤或拉拉裤会让他感到困惑。你可以选择一个能够全程在家陪伴他的周末，提前一天告诉他，从明天开始他就要一直穿大孩子内裤了，然后多买一些内裤，丢掉所有的纸尿裤和拉拉裤，破釜沉舟！也可以采用奖励机制，比如每次使用马桶后在他的手上盖一个印章或打电话告诉爷爷奶奶。如果他不小心拉在了裤子里，要正面面对这件事情（"哎呀，你发生了一个意外"），让他帮忙清理干净（"我们一起把便便倒进马桶，然后在水池里洗干净衣服"），然后继续下一步（"下次请告诉妈妈，我会帮你及时坐到马桶上"）。如果你持之以恒不妥协（当宝宝坐车或去商店时，忍住给他穿上纸尿裤的冲动），如厕训练很可能在一周内就能获得成功。请记住：不要气馁！如厕训练可能会很难，但只要坚持努力，你将很快见到成效！

___ 年 ___ 月 ___ 日·记录宝宝的喂养、排便、身高体重、成长进步或你的心得。

第14章

睡眠问题

迄今为止，在我职业生涯里主持过的所有育儿培训中，睡眠都是父母最为关心的话题。谁不想每天晚上多睡一会儿？但现实是，在新生的宝宝刚回家的几周内，你可能睡不了多少觉，后面的几个月情况也是时好时坏。不过在这之后，如果你使用了正确的方法，至少在多数时间里你和宝宝都会获得良好的睡眠。那么，怎样才能做到这一点呢？形成睡前程序、保持一贯的做法，加上一点点意志力就可以实现这一目标。虽说如此，但是哪怕最周全的方案，在凌晨4点睡眠严重不足的你也不一定总能按计划实施。

但是请遵循原则，牢记你的目标是让宝宝安睡一整晚。

我使用下文的方法成功实现了目标，供你参考，你可能需要根据具体情况为宝宝做出相应调整。

睡眠解决方案

144. 宝宝什么时候才能睡整夜觉？我疲惫不堪的感受正常吗？

我能理解你的感受，我自己就有过 3 次类似的经历。我可以告诉你，那时我唯一能够安慰自己的就是想宝宝的睡眠会越来越好，在他们 4 ~ 6 个月大时可能会每晚睡足 8 小时。

以下方法供你参考。

出生到 2 月龄：在这段时间里，宝宝需要每 3 ~ 4 小时醒来吃奶。你可以开始执行规律的睡前程序，这样他就会逐渐明白现在是晚上要睡大觉的时间，不是小睡。睡前程序不需要很复杂，执行程序的时间不要很长，可以包括以下内容：洗澡、喂奶、讲故事、打襁褓、放到婴儿床里、关灯。宝宝很可能在吃奶时就会睡着，你也可以轻轻摇着他入睡，在这个阶段可以这么做。

2 ~ 4 月龄：继续执行睡前程序，但是要在宝宝还没睡着时就把他放到婴儿床里，这样可以让他学会如何自己入睡。如果他总在吃奶时睡着，

＿＿ 年 ＿＿ 月 ＿＿ 日 · 记录宝宝的喂养、排便、身高体重、成长进步或你的心得。

你可以改变睡前程序的顺序，先喂奶，然后为他穿睡衣或讲睡前故事，最后在宝宝还醒着时把他放到婴儿床里。如果他习惯于被摇晃着入睡或吃着奶入睡，那么当他半夜醒来时，你需要使用同样的方法将他哄睡。如果宝宝半夜醒来，先不要着急喂奶，等几分钟看他是否能够重新入睡。这种情况常常是他睡眠周期的一部分，他会再次自己睡着。

4 ~ 6 月龄： 此时宝宝很可能不需要吃夜奶了，所以每晚他应该能睡6 ~ 8 小时。在这个阶段，请继续保持睡前程序，让他自己入睡。当他半夜醒来时，让他使用自我安抚技巧再次入睡。在你给宝宝戒夜奶的过程中，当他学习如何再次自己入睡时可能会哭几声（或者哭很久）。你可以多给他些时间，几晚之后他就能学会如何安抚自己入睡。培养良好的睡眠习惯非常重要（对每一位家庭成员来说都是如此！）。

6 月龄以后： 此时宝宝晚上应该能够连续睡眠 8 小时以上了。如果还

婴儿猝死综合征

婴儿猝死综合征指的是婴儿不明原因的死亡。为了降低宝宝发生婴儿猝死综合征的风险，请务必做到以下几点：让宝宝保持仰卧睡姿；避免让宝宝处于二手烟环境中；使用硬实的床垫；不要在床上放置枕头、玩具或其他柔软的床上用品。虽然我们并不建议使用柔软的毯子，但是睡袋和可穿式婴儿毯都是可以使用的。美国儿科学会建议，婴儿在睡觉时应该和父母同室但不同床。研究发现，同室而眠能够降低婴儿猝死综合征 50% 的发生率。如果是（外）祖父母或其他照料者哄宝宝睡觉的话，请务必告知他们以上建议。

193

_____ 年 _____ 月 _____ 日·记录宝宝的喂养、排便、身高体重、成长进步或你的心得。

不能的话，现在正是你改进睡前程序以及夜间睡眠计划的好时机（参见第 147 个问题）。

145. 是否需要监测宝宝的呼吸和心率，以防婴儿猝死综合征的发生？

　　一般情况下不建议使用，除非宝宝是早产儿、在离开新生儿重症监护室时佩戴了呼吸暂停监测器或儿科医生出于其他原因建议宝宝佩戴，因为没有证据表明它们有助于降低婴儿猝死综合征的发生风险。不过对于有些父母来说，因为监测宝宝的睡眠情况能够让他们安心，或者因为这是市场上最先进的婴儿科技产品，所以他们仍会购买。但是，频繁的假警报非但没有帮助，反而会对宝宝的睡眠（和心理健康）造成很大的影响。还是省下你的钱，放弃购买那些花哨的监护器，晚上与宝宝同室而眠，遵循美国儿科学会关于安全睡眠的建议吧。

146. 我的女儿与儿子同龄时，睡眠时间比他长得多，不知我的儿子睡眠是否充足？

　　睡眠对于宝宝的大脑发育和成长至关重要。睡眠不足可能造成易怒、精力不集中、多动以及其他儿童不良行为。充足的睡眠能够帮助宝宝提高学习能力和调节情绪的能力以及整体生活质量。所有宝宝都需要睡觉（父母也是），但是需要睡多久取决于宝宝的年龄。不到 4 个月大的宝宝所需的睡眠时间不同个体之间相差甚远。4 个月大以后，宝宝需要的睡眠时间

___ 年 ___ 月 ___ 日·记录宝宝的喂养、排便、身高体重、成长进步或你的心得。

应在以下范围。

☐ 4 ~ 12 月龄：12 ~ 16 小时（包括小睡）；

☐ 1 ~ 2 岁：11 ~ 14 小时（包括小睡）；

☐ 3 ~ 5 岁：10 ~ 13 小时（包括小睡）；

☐ 6 ~ 12 岁：9 ~ 12 小时。

如果宝宝白天脾气暴躁，那么多睡 1 小时往往会有所帮助。

提高宝宝的睡眠质量

你可以尝试以下技巧来提高宝宝的睡眠质量（以及改善你的情绪）。

睡觉前

☐ 让宝宝白天多活动（这能帮助他更快入睡）。

☐ 睡觉前 1 小时避免进行容易令人兴奋的活动，比如看电视、玩电子游戏。

睡眠环境

☐ 不要在宝宝的卧室里放置电子产品。

☐ 保持卧室凉爽、昏暗、安静。

☐ 尽量减少会产生干扰的环境因素（比如卧室面向喧闹的街道或与大孩子睡在同一间卧室）。

睡前程序

☐ 保持一致是关键。尽可能保持同样的时间、同样的地点以及同样的睡前步骤顺序。

☐ 可以采用"4B 仪式"，即"洗澡—喂奶—讲故事—睡觉"。

195

_ 年 _ 月 _ 日 · 记录宝宝的喂养、排便、身高体重、成长进步或你的心得。

如果尽了最大的努力后，你仍旧认为宝宝睡眠不足，请咨询儿科医生。某些情况下，导致睡眠不足的原因可能是潜在的睡眠障碍，需要接受特定的治疗。

147. 宝宝半夜醒来后，除非喂他吃奶、抱着他、把他放在大人的床上或给他一个安抚奶嘴，否则他就会大声尖叫。怎样才能让他安睡整晚？

对于宝宝的问题行为，你的回应方式决定了是可以将其消除还是会使其强化。

如果在宝宝 4～6 个月大时，你还总是在他半夜醒来时给他喂奶、抱着他或者给他使用安抚奶嘴，他就会习惯于在你的帮助下才能重新入睡。晚上是睡觉的时间，除非你愿意在未来的 1 年或更久的时间内继续这样做，否则你就要给孩子机会，让他学习如何自己入睡。现在学习，比以后当他能够站在婴儿床上大声喊妈妈时再学习要容易得多。是的，他可能会尖叫或大哭。我理解听到孩子大声哭闹会很难受。你可能会担心，但是你有一整个白天的时间去拥抱他，告诉他你有多爱他，让他知道你会陪在他身边。你很可能会有疑问，孩子在半夜醒来是不是想吃奶，多数情况下不会。醒来后想吃奶往往是一种习惯。4～6 个月大时，多数宝宝晚上应该能睡满 6～8 小时而不必醒来吃奶；6 个月大以后，这个时间可以达到 8～10 小时。当你不再给宝宝吃夜奶后，他会在白天吃得更多。

4～6 个月大时，最好让宝宝学习在半夜醒来后自己入睡。选一天晚上，

　___ 年 ___ 月 ___ 日 · 记录宝宝的喂养、排便、身高体重、成长进步或你的心得。

让他开始学习如何安抚自己。最好选择周五晚上，因为当你停止哄他后的最初几个晚上最难熬。一定要持之以恒，因为如果你有时抱起他喂奶有时却不这样做的话，他会感到困惑不解。晚上睡觉时，让宝宝自己入睡，告诉他你希望他多久能睡着。如果他半夜醒来，要让他尝试自己入睡。宝宝可能会哭闹几个晚上，但是如果你能忍住干预的冲动，每过一晚哭闹就会减少一点，不知不觉中宝宝就能安睡一整晚了。早上起来，你可以告诉宝宝你为他感到骄傲，你可以鼓掌、欢呼、唱歌或跳舞。哪怕他还太小，还不明白是怎么回事，但你可以从此建立一个良好的规律。父母双方必须就睡眠方案达成一致意见，所以你可以和你的伴侣共同讨论并制订一个可持续执行的方案。

幼儿睡眠问题

148. 宝宝半夜醒来后会溜下床跑进我们的卧室。如果我把他放回床上，他会用拳头打我，还会吵醒其他的孩子和邻居。我该怎么办？

如果宝宝此时还是在婴儿床里睡觉，那么我告诉你，在婴儿床里进行睡眠训练与他能够自己溜下床并在房间里游荡时训练相比要容易得多。无论宝宝年龄多大，如果他在哭闹时打扰到别人，你就很难置之不理。在进行睡眠训练前，先提醒所有能够听到孩子哭声的人（你可以提前给邻居买

____ 年 ____ 月 ____ 日·记录宝宝的喂养、排便、身高体重、成长进步或你的心得。

个礼物），让他们做好思想准备，然后连续训练几个晚上，迅速解决问题。当宝宝能够睡一整晚时，所有人都会从中受益。

从婴儿床过渡到大孩子的床

当宝宝个头大到足以从婴儿床里（床栏至少91厘米高）里爬出来时，他就应该在大孩子床上睡觉了。请确保宝宝的床和梳妆台或其他物品保持安全距离，以防其滚落到上面而受伤。换床时，可以保持原有的睡前程序，但是要在最后提醒宝宝，他必须一直呆在自己的床上，直到第二天早晨你来叫醒他。

以下方法能够帮助宝宝从婴儿床过渡至大孩子床。

建立兴奋感：搜寻关于这个话题的书（或自己编个故事）；让他帮忙一起为新床挑选寝具。

引入"心爱之物"：向宝宝解释，曾经和他一起在婴儿床上"睡觉"的毯子、毛绒玩具或洋娃娃也会与他一起在大孩子床上睡觉。

坚决执行：从某天晚上开始让宝宝独自睡在大孩子床上，不要再倒退回去使用婴儿床。

保持一致的睡前程序：这一点至关重要。

鼓励好的睡眠习惯：睡前赞赏并奖励孩子（拥抱和亲吻的效果很好）。如果宝宝在大孩子床上睡了一整晚，早晨起床时可以以同样的方式赞赏并奖励他。

牢记安全第一：安装床栏或通过拆除床架降低床垫高度；确保宝宝房间的安全，防止他半夜溜下床时遇到危险（可以考虑为宝宝的房间安装门栏，防止他半夜在家里到处游荡）。

___ 年 ___ 月 ___ 日·记录宝宝的喂养、排便、身高体重、成长进步或你的心得。

　　与前一个问题类似，你在半夜回应宝宝的方式决定了问题行为是能被消除还是会被强化。方法与之前一样：开始训练的时间可以选在周五的晚上，因为你在之后的一两天晚上不睡觉也影响不大；保持一致的睡前程序；告诉宝宝你期待他在自己的床上睡一整晚；给宝宝买一个特别的新枕头、新毯子或新的毛绒玩具，让他半夜醒来时可以抱着，告诉他这个新礼物会陪他一起在他自己的大男孩 / 大女孩床上睡觉。

　　如果宝宝在半夜下了床，你可以拉着他的手带他回到床上，简单地告诉他："晚上我们都睡在自己的床上。"为他盖好被子，然后离开。当他再一次下床时，只对他说"床"，然后拉着他的手带他回去。第三次时什么都不要说，只把他领回床上。之后每次他下床时都直接把他领回床上。第二天晚上采取同样的方法。只需连续坚持 3 ~ 4 个晚上（为了以防万一，你可以预留 1 周的时间），你们就都可以在自己的床上睡一整晚了。你还可以为宝宝房间的门上安装门栏，这样既可以为了听到他的动静而开着房门，又不必担心他半夜会走出房间独自在家里游荡。早晨醒来，告诉宝宝你为他感到自豪，你可以跳舞、欢呼、举办派对或使用其他任何方式，只要能够鼓励所有家人坚持下去就可以。

149. 宝宝半夜醒来时会大声尖叫，他是做噩梦了吗？还是得了夜惊症？

　　虽然宝宝做噩梦和得了夜惊症都非常令人担心，而且会打扰其他人休息，但是二者截然不同。

____ 年 ____ 月 ____ 日 · 记录宝宝的喂养、排便、身高体重、成长进步或你的心得。

夜惊症一般发生在 1 岁半以上的宝宝身上，往往在夜晚的前 1/3 阶段发作。典型场景是宝宝入睡约 3 小时后醒来，好像着了魔一般，他可能会尖叫、发抖或指向某处。这对目睹这一场景的人来说非常可怕。你无法安抚宝宝，宝宝甚至不知道你也在房间里。不过夜惊症发作后，宝宝能够轻松入睡。第二天早晨醒来时，宝宝不会记得发生过什么事，虽然房间里的其他人全都印象深刻。

压力和疲倦可以导致夜惊症发作。怎样做才能解决这个问题呢？由于夜惊症一般发生在每晚的同一时间，所以你可以在其发生前 15 ~ 30 分钟唤醒宝宝。这会打破宝宝的睡眠循环，他的生物钟会跳跃至下一个睡眠阶段，而这一阶段不会再发生夜惊症。另外，请不要让宝宝过度疲倦。晚上早点睡觉；如果宝宝还需要午睡的话，请务必让他午睡一会儿。

噩梦一般出现在后半夜。宝宝做噩梦后会彻底醒来，能够回应父母的安抚。他会记得噩梦的内容，甚至第二天也不会忘记。宝宝每次做噩梦时都给予安慰，可以防止噩梦再次发生。和宝宝聊一聊他都梦见了什么，向他解释梦境并不是真实存在的。检查一下宝宝的生活环境（比如托儿所和家庭），看看是否有什么东西对他造成了困扰。一定不要让宝宝接触暴力活动、有暴力情节的电影或电视节目。如果噩梦持续多日，请咨询儿科医生。

150. 宝宝睡觉时打呼噜，这意味着什么？

许多宝宝都会时不时地打呼噜，多达 10% 的宝宝会经常打呼噜。过敏

___ 年 ___ 月 ___ 日·记录宝宝的喂养、排便、身高体重、成长进步或你的心得。

或感冒会导致宝宝偶尔打呼噜，这种情况一般无须担心。频繁地打呼噜，尤其是还伴随着大口喘气、喷鼻息或断断续续的呼吸暂停时，可能代表一种严重的情况，这种情况被称为"阻塞性睡眠呼吸暂停"。因为夜间睡眠质量不高或没有获得足够的氧气，患有阻塞性睡眠呼吸暂停的宝宝有时在白天会昏昏欲睡或出现行为问题。有些阻塞性睡眠呼吸暂停是由扁桃体或腺样体过大引起的。如果宝宝超重，症状可能会更加明显。如果宝宝经常打呼噜，请咨询儿科医生。他可能会建议你让宝宝接受睡眠测试（观察孩子的睡眠并测量他睡眠时的呼吸和心率），以确定宝宝是否患有阻塞性睡眠呼吸暂停，也可能推荐你带宝宝去看儿童耳鼻喉专科医生。

201

___ 年 ___ 月 ___ 日·记录宝宝的喂养、排便、身高体重、成长进步或你的心得。

附录 1

国家免疫规划疫苗免疫程序说明（2016 版）①

| 疫苗种类 | | 接种年（月）龄 | | | | | | | | | | | | | | |
名称	缩写	出生时	1月	2月	3月	4月	5月	6月	8月	9月	18月	2岁	3岁	4岁	5岁	6岁
乙肝疫苗	HepB	1	2					3								
卡介苗	BCG	1														
脊灰灭活疫苗	IPV			1												
脊灰减毒活疫苗	OPV				1	2								3		
百白破疫苗	DTaP				1	2	3				4					
白破疫苗	DT															1
麻风疫苗	MR								1							
麻腮风疫苗	MMR										1					
乙脑减毒活疫苗 ¹	JE-L								1			2				
或乙脑灭活疫苗 ¹	JE-I								1、2			3				4
A群流脑多糖疫苗	MPSV-A							1		2						
A群C群流脑多糖疫苗	MPSV-AC												1			2
甲肝减毒活疫苗 ²	HepA-L										1					
或甲肝灭活疫苗 ²	HepA-I										1	2				

① 出版者将适合美国儿童的疫苗接种程序替换为适合国内儿童的疫苗接种程序。

注：1. 选择乙脑减毒活疫苗接种时，采用两剂次接种程序。选择乙脑灭活疫苗接种时，采用四剂次接种程序；乙脑灭活疫苗第1、2剂间隔7～10天；

2. 选择甲肝减毒活疫苗接种时，采用一剂次接种程序。选择甲肝灭活疫苗接种时，采用两剂次接种程序。

源自中国疫苗和免疫网 http://nip.chinacdc.cn/

附录 2
第二类疫苗免疫程序 [①]

疫苗名称	适用人群与接种次数
B 型流感嗜血杆菌（Hib）结合疫苗	适用于 2 月龄以上儿童；6 月龄以下儿童接种 3 针（间隔 1 ~ 2 个月），1 年后加强 1 次；6 ~ 12 月龄儿童接种 2 针，间隔 1 个月，于出生后第二年加强 1 次；1 ~ 5 岁儿童接种 1 针
水痘疫苗	18 月龄接种第一针，满 4 岁接种第二针
DTaP–IPV–Hib 五联疫苗	适用于 2 月龄以上儿童，2、3、4 月龄和 18 ~ 24 月龄各接种 1 针，第 1、2、3 针间隔 ≥ 28 天，第 3、4 针间隔 ≥ 6 个月
23 价肺炎球菌多糖疫苗	用于 2 岁以上体弱多病儿童、65 岁以上老年人、慢性疾患或免疫功能减弱的人群，接种 1 针；高危人群 5 年后加强 1 次，健康人群不需要加强
流感疫苗	6 ~ 35 月龄儿童注射 2 针，间隔 1 个月，每针 0.25ml；3 岁以上儿童或成人注射一针，每针 0.5ml。该疫苗在每年 9 ~ 12 月接种
轮状病毒疫苗	2 月龄 ~ 3 岁以内儿童每年口服一次
狂犬疫苗	犬类动物咬伤或抓伤者按 0、3、7、14、28（或 30 天）或者 0、7、21 天程序接种，越早接种越好

源自《北京市第二类疫苗免疫接种程序》

---

① 出版者将适合美国儿童的疫苗接种程序替换为适合国内儿童的疫苗接种程序。

附录 3
婴幼儿能力发育里程碑

年龄	大运动能力	精细运动能力	语言能力	社交能力
0~1月龄	拉起身体坐立时头部后仰； 能向侧面转头	拳头紧握； 能够握住放在手里的物体	只会哭	能够注视人脸
2月龄	趴着时头部能够抬起45°； 视线可以追随移动的物体	不再紧握拳头	可以发出叽里咕噜的声音	对任何物体或人微笑； 可以认出父母
3月龄	能够保持抬头的姿势一段时间； 扶着坐立时头部仍旧向后仰	能够挥手打中物体； 手掌可以完全摊开	同"2月龄"	对吃奶产生期待
4月龄	趴着时能用手臂支撑起胸部并抬头； 扶着坐立时头部不再向后仰； 开始从俯卧翻身至仰卧	能把手放在身体的前正中线上； 能抓住物品放进嘴中	可以大笑	能对说话做出反应； 喜欢观察周围环境
6月龄	开始独立坐； 或许能够从仰卧翻身至俯卧	能伸出手去触碰物品； 能将物品从一只手传递到另一只手； 能抓住脚放进嘴里	会咿呀学语	见到父母以及与父母玩耍时很兴奋； 开始辨认陌生人
9月龄	可以独立坐起； 或许可以爬行； 拉起身体时或许能够站立； 或许能够开始扶着家具走几步（缓慢前行）	能够抓住奶瓶； 可以使用拇指和另一根手指抓握物品（钳状抓握）	可以非特指地说出"妈妈"和"爸爸"	可以挥手再见； 可以鼓掌； 理解"不"的意思
12月龄	能够独立站立； 在别人的帮助下可以走几步； 或许开始独立行走	可以故意松开手中的物品； 尝试涂鸦	除了"妈妈"和"爸爸"外，还能说出其他词语	会模仿； 被叫到名字时有回应

年龄	大运动能力	精细运动能力	语言能力	社交能力
1岁3个月	能爬上台阶； 开始能够倒着走	可以模仿涂鸦； 能独立使用勺子和杯子	词汇量有4~6个	能够遵循单一步骤的指令
1岁半	开始能够跑步； 扔球时不会向前摔倒	可以随意涂鸦； 能够翻书，但是一次会翻好几页	词汇量有8~20个	能指出身体不同部位； 可以模仿别人的动作
2岁	能独立爬上/爬下台阶； 会踢球	画画时能模仿着画出线条； 翻书时能每次只翻一页	词汇量有50~100个； 会使用代词，不过开始时用得不准确； 能说出2个词的句子	能够遵循2个步骤的指令； 希望在另一个孩子旁边玩耍，但不是共同玩耍
3岁	能两脚交替走上台阶； 会骑三轮车	能模仿着画圆； 能独立脱衣服； 尝试自己穿衣服	能说出3个或3个以上词语的句子； 能提问题	可以与别人共同玩耍； 开始有分享和轮流的意识； 知道名字、年龄和性别

附录 4

呼吸道异物阻塞急救 / 心肺复苏术

若孩子发生呼吸道异物阻塞时只有你一人在场，你应该：

1. 大声呼救；　　　　2. 开始急救；　　　　3. 拨打急救电话。

以下情况应该实施对呼吸道异物阻塞的急救措施：
- 孩子完全不呼吸（胸部没有上下起伏）。
- 孩子无法咳嗽或说话，或者脸色发青。
- 孩子无意识，无法回应你。（开始进行心肺复苏术。）

以下情况不应该实施对呼吸道异物阻塞的急救措施：
- 孩子可以呼吸、哭泣或说话。
- 孩子仍能咳嗽、断断续续地发音或吞吐空气。（孩子的本能反应在帮助他清理呼吸道。）

对于婴儿

婴儿呼吸道异物阻塞急救

一旦婴儿发生呼吸道异物阻塞，无法呼吸、咳嗽、哭闹或说话，就按如下步骤操作，并让人赶紧拨打急救电话。

1. 在背部拍打 5 次

交替进行

2. 在胸外按压 5 次

交替进行背部拍打和胸外按压，直到异物被清除。如果婴儿失去知觉，要开始心肺复苏术。

婴儿心肺复苏术

在婴儿没有意识 / 没有反应或呼吸停止时进行。将婴儿平放在硬的平面上。

1. 开始胸外按压
- 将一只手的 2 根手指置于乳头线（两乳头连线）下方的胸骨处。
- 按压胸部，按压深度至少为胸部深度的 1/3，或约 4 厘米。
- 每次按压后，都让胸部恢复到正常位置。按压的频率为每分钟至少 100 次。
- 进行 30 次按压。

2. 打开气道
- 打开气道（压额头、抬下巴）。
- 如果发现不明物体，用手指将其移出。千万不要用手指盲目寻找。

3. 开始人工呼吸
- 进行 1 次正常的呼吸（不是深呼吸）。
- 用你的嘴严密罩住婴儿的口部和鼻部。
- 吹 2 口气，每次 1 秒。每次吹气都应该使婴儿胸部扩张。

4. 继续胸外按压
- 继续进行 30 次胸外按压搭配 2 次人工呼吸。
- 在 5 轮按压和人工呼吸后（大约 2 分钟），如果还没有人打急救电话，就自己打。

一旦孩子将异物咳出，开始呼吸，就停止人工呼吸，并拨打急救电话。

询问儿科医生关于 8 岁以上孩子的呼吸道异物阻塞急救 / 心肺复苏术指导，并询问经批准的急救或心肺复苏术课程的相关信息。

呼吸道异物阻塞急救 / 心肺复苏术

若孩子发生呼吸道异物阻塞时只有你一人在场，你应该：
1. 大声呼救；　　　　2. 开始急救；　　　　3. 拨打急救电话。

以下情况应该实施对呼吸道异物阻塞的急救措施。
◆ 孩子完全不呼吸（胸部没有上下起伏）。
◆ 孩子无法咳嗽或说话，或者脸色发青。
◆ 孩子无意识，无法回应你。（开始进行心肺复苏术。）

以下情况不应该实施对呼吸道异物阻塞的急救措施。
◆ 孩子可以呼吸、哭泣或说话。
◆ 孩子仍能咳嗽、断断续续地发音或吞吐空气。（孩子的本能反应在帮助他清理呼吸道。）

对于 1 ~ 8 岁的孩子

儿童呼吸道异物阻塞急救（海姆立克急救法）

让人赶紧拨打急救电话。
一旦儿童发生呼吸道异物阻塞，无法呼吸、咳嗽、喊叫或说话，就按如下步骤操作。

1. 采用海姆立克急救法
◆ 一只手握拳，置于孩子的肚脐上方，并用另一只手罩住。双手挨着胸骨和胸腔的下缘。
◆ 反复、用力地按压以形成咳嗽般的气流把异物冲出，打通呼吸道。
◆ 一直进行海姆立克急救措施，直到异物被清出。

2. 实施心肺复苏术
◆ 如果孩子变得无意识或没有反应，开始进行心肺复苏术。

儿童心肺复苏术

在孩子没有意识 / 没有反应或呼吸停止时进行。
将孩子平放在硬的平面上。

1. 开始胸外按压
◆ 将一只手的掌根置于胸骨下半段，或者用两只手：将一只手的掌根置于胸骨下半段，然后将另一只手置于其上。
◆ 按压胸部至胸部下陷至少 1/3，或大约 5 厘米。
◆ 每次按压后，都让胸部恢复到正常位置。按压的频率为每分钟至少 100 次。
◆ 进行 30 次按压。

2. 打开气道
◆ 打开气道（压额头、抬下巴）。
◆ 如果发现不明物体，就用手指将其清出。千万不要用手指盲目寻找。

3. 开始人工呼吸
◆ 进行 1 次正常的呼吸（不是深呼吸）。
◆ 用你的嘴严密罩住孩子的口部和鼻部。
◆ 吹 2 口气，每次 1 秒。每次吹气都应该使孩子的胸部扩张。

4. 继续胸外按压
◆ 继续进行 30 次胸外按压搭配 2 次人工呼吸。
◆ 在 5 轮按压和人工呼吸后（大约 2 分钟），如果还没有人打急救电话，就自己打。

一旦孩子将异物咳出，开始呼吸，就停止人工呼吸，并拨打急救电话。
询问儿科医生关于 8 岁以上孩子的呼吸道异物阻塞急救 / 心肺复苏术指导，并询问经批准的急救或心肺复苏术课程的相关信息。